JN026012

数学教師のための問題集

〔 教師のための問題集 改題 〕

島田　茂 著

共立出版

刊行のことば

豊かな人間性の育成を目ざして，教育全般の改善がいろいろと進められているとき，数学教育もその一環として重要な責任を負わなくてはなりません．この意味において，これからの数学教員が，人間活動の成果としての数学に深い認識をもち，また，生徒の心情や学習過程に暖かい理解をもつということは，絶対に必要であります．

最近の社会情勢の変化にともない，数学教員を志望する学生が急増しているのは誠に喜ばしいことではありますが，上記のような必要性に応えるための基礎的な教職数学の書物は，残念ながら乏しいように思われます．すなわち，数学の専門書はおびただしくあり，数学教育の専門書も数多くありますが，数学と数学教育との関連をふまえたもの，とくに数学教育の背景にあることを意識して書かれた数学の専門書となると殆どないといってもよいでしょう．

このような情況にかんがみ，まったく新たな構想のもとに，

○　教育学部や理工系学部で中学・高校の数学科教職課程を履修する学生のためのモデル・テキスト

○　現職数学教員の日常研修のためのレファランス・ブック

となることを目ざして本シリーズを企画いたしました．前にも述べたように，数学教員としては少なくとも次の二つの能力が不可欠であります．

Ⅰ．教員としてもつべき数学そのものの能力

Ⅱ．効果的な授業を展開するための指導能力

本シリーズは基礎編と実践編とに分けてありますが，前者は主としてⅠを，後者は主としてⅡを目標とし，この両者を合わせてⅠ，Ⅱの能力の調和のとれた伸長を期しています．

本シリーズがこれからの数学教育の発展に大いに寄与することを願って止みません．

田島一郎
島田茂

はしがき

本シリーズに問題集を含めようというのは，今は亡き田島先生と企画の相談をしたときからの考えであった．当初は，最近の教員採用試験に出題された問題を集め，その中から適切なものを選び出し，全体の構成を２人で相談しながらまとめようという考えであった．

しかし，まことに残念なことであるが，田島先生はそのことについて具体的な作業を始める前に亡くなられ，私１人でまとめざるを得なくなった．

実際に作業にかかってみると，採用試験の問題は，一般に公表されておらず，いくつか分ったものを調べても，必ずしもこのシリーズに適したものが多いとは言えないようにも感じられた．

一方，この間に，数学教育での問題解決については，数学教育を活性化する重要な手段として注目をあびるようになってきており，教師にも，ありきたりの型でない問題解決の経験をもつことが強く要求されるようになってきた．そこで，編集部の方の了解を得て当初の採用試験の問題を中心とするという方針を変更し，教職にある人，それを志す人に理解してほしい問題解決の諸側面を経験していただくことをねらいとした問題集を作ることにした．田島先生とは，故秋月康夫先生を中心とする数学教育研究のプロジェクトチームでご一緒し，このような観点での問題演習の重要性について話し合い，共鳴するところが多かった．このことからすれば，こうした変更もお許しいただけることと思う．

本書を謹んで先生の御霊前に供え，ご冥福を祈るとともに，力不十分で，先生から伺った味わい深い御意見がうまく盛り込めなかった点のお許しを請う次第である．

本書の執筆に当っては，同僚の東京理科大学松尾吉知教授，柴田敏男教授からはいろいろ有益なご助言やご教示をいただき，友人の横浜国立大学橋本吉彦助教授は，原稿を通読して貴重なご意見をよせて下さった．これらの方々に深く感謝の意を表する次第である．

1990 年 7 月

島　田　　茂

本 書 の 構 成

この問題集は中学校，高等学校の数学科の教師である人および将来その職につくつもりで勉強している人を読者対象として作ったもので，次のような目的をもっている．

1. 問題に接して，いろいろ苦心しながら，解答に到達し，それを反省して，さらにその解答を磨きあげるという過程を経験していただく．同時に，その過程を反省して，解決の過程での苦しみや困惑を再認識し，同じ状況におかれた被教育者の気持ちに対する理解を深めていただく．
2. 解決の成功に導いたキッカケは何かを再確認することで，自分なりの「問題解決に対する方略」に磨きをかけていただく．
3. 中学校，高等学校の数学科で取り上げる，あるいはその可能性のある数学的な内容について，とかく見逃され勝ちな数学的背景を理解していただいて，指導の観点を豊かにする．
4. 数学教育の議論では，数学の背後にある考え方，見方について，いろいろ抽象的なことばが用いられ，ときには意味がはっきりしないこともある．ここでは，その中のいくつかについて，具体例をあげていくことを通じて私なりの解釈を明らかにしようとした．もちろん，これらのことばには，もっと深い意味があって，その意味で用いられていることもあるが，ここにあげた解釈がその第一近似として，あまり見当違いのものではないと信ずる．

以上のような目的には，ふつうの数学書や大学教育以上の目的の問題集では不十分で，目新しい問題で，同時に学校数学に結びついたものであることが望ましい．著者は，これまで在職した大学で，教員志望の数学科の学生を対象にこれと類似の授業を担当してきており，そのためにも，いくつかそうした問題を収集してきた．本書は，この収集をもとに作られたものである．

本書は，いくつかの短い章に分かれており，各章は，だいたいは読み切りですむようになっている．

各項は，**背景**，**課題**，**解説**，演習 の4つからなり，ときに，それに 余談 が加わる．本書の本来のねらいは **課題** のところにある．課題だけを取り出して解答を試みていくだけでも，ねらいは達せられる．**背景** は，課題の背景の説明で，そこでの課題がどんな一般的なこととの関連で取り上げているのかを述べたものである．しかし，各項での記述のしかたを無理には統一しなかった．課題に応じて，それに適した書き方をした．

課題 の項の問題の配列は，ときには一つの順序になっていることもある．まず順次に考えていって，むずかしければとばしていってよい．

解説 の項は，課題についてある程度取り組んでから読むことを予想している．これは，解答を示したものでなく，ヒントを提供したものである．ここを読むことで，一応解答に達した場合でも，一度振り返って，解答に磨きをかけるとともに，目的の1，2に述べたことを確認していただきたい．

演習 の項は，課題で問題にした考え方の他の例や，それとは関係なく，解説で述べたことに関連した問題で，演習のためにあげてある．問題によっては，解答が完結しない性質のもの——たとえば“～で考えたことを一般化せよ”など——もある．解答がただ一通りにきまるはずのものかどうかも判断しながら取り組んでいただきたい．

余談 は，話題に多少係りがあると思われることの紹介で，筆者のむだばなしと考えていただいてもよい．

目　次

有理数と無理数

背　景

高校までの数学は実質的には実数の上の数学といってよい．ときには複素数にも触れるが，それは付加的である．現在(平成元年)のカリキュラムでは，中学１年で有理数が導入され，中学３年で無理数（平方根数の形で）が導入される．そこでは，暗黙裡に無理数は無限小数で表わされるものとして扱われるが，無理数の四則はどう定義するのかは，明示していないのが通常である．実数という用語は，多くは高校１年で導入されるが，そこでは有理数は整数の商として，無理数は有理数でない数として説明され，有理数と無理数とを合せて実数とよぶとしている．その場合の数とはと反問されるとこの説明は行きづまる．それでもこれですんでいるのは，そこに，数とは無限小数で表示されるものといった暗黙の前提があるからである．このように，高校までの現在の実数の扱いは，根底は曖昧なままであるが，それは，どうしてなのだろうか．答えは明らかであろう．ちゃんとやれば，極限を含めた無限についての議論が必要となり，むずかしくなり過ぎるからである．むずかしい論理的な分析に入らずになんとなくわかった気になるのは，数直線上の目盛と，それに伴う位相のイメージによる直観があるからだといってよい．このイメージの内容を明文化すれば，次のようになる．

1.　数直線上の点には，無限小数で表示した数が一対一に対応する．ただし，末尾に９が続く小数は，９の列の直前の位の数字に１を加え，後を０の列にした小数（有限小数）と同一視する．

2.　縮小する閉区間の列，すなわち閉区間 I_i $(i=1,2,3,\cdots)$ が，$I_1 \supset I_2 \supset I_3 \supset \cdots$ となっているとき，すべての閉区間に共通な点が少なくとも一つある．

3.　1.で述べた無限小数は，有限小数によっていくらでも精しく近似できる．

これらを認めたうえで，実数の和，積（差と商は，逆算で考えるとして）については，実数 x, y の近似有限小数を x_i, y_i とするとき，x_i+y_i, x_iy_i を近似小数とする実数をそれぞれ x, y の和，積と考えるのである．さらにこのように考えたときに，有理数の範囲で認めてきた計算の諸法則は，そのまま成り立つと(暗黙裡に)認めるのである．このゆき方では，加法や乗法は，そのアルゴリズムによって定義されている．いわば分数の乗法を，因数の分母の積を分母とし，分子の積を分子とする分数を作ることと定義するのと同じ流儀で，数学の中での論理体系を作るには，それで十分である．しかし，小学校以来強調されてきた演算の意味はどこへいったのだろうか．次の課題③は，これへの回答の一つである．

近似値の和は，和の近似値であり(課題⑤)，近似値の積は，積の近似値であることは，有理数，具体的には，有限小数の場合に，概数，概算の扱いとして小学校以来知らず知らずに学びかつ利用してきたことである．この背景には(正の数の範囲では)加法も乗法も大小の順序を保存するという基本法則がある．そして，この基本法則をもとに前記のような立場で，実数の和，積を定義することによって，演算の諸法則と，連続性とが保存されるのである．小学校や中学校で概数，概算や近似値を話題とするのは，その実用的な必要性のほかに，このような演算の連続性に対する直観的，素地的な扱いという理論上の含みもあると考えてよい．

課　題

①　通常の教科書にある循環小数を分数に直すやり方は，無限小数についての算法が有限小数の場合と同じように可能であることを直観的に認めている．循環小数が得られるのは，分数を小数に直そうとして除法の計算を進めているとき，部分剰余として，前と同じ数がでてきて，そこから後の商の数字の並びが，前の並びと同じになるからだということである．これをもとにすれば，無限についての算法を前提とせず，循環小数を分数に直せる．$0.\dot{3}\dot{6}$（あるいは自分で勝手に選んだ循環小数）について，この考えで循環小数を分数に直せ．

②　微積分に入る前までの学校数学の中で，有理数の場合の議論から知った事柄を，そのまま実数全体でも成り立つとして用いていく内容の例（有理数から実数へ明示せずに飛躍していく例）をあげよ．

③　数直線上で，幾何学操作によって実数の和や積を定義できれば，これが背景で述べた演算の意味であると解することができる．どのように定義すれば

よいか.

④ 整数係数をもつ多項式で定義される関数を中心に微積分を考える場合，実数のうえでこれを論ずる必要は，どんな点にあるのか(変数の値として有理数だけ考えても導関数はまったく同じように導ける．実数のうえで考えないと困るのは，どんな点か)．

⑤ a の近似値を a', b の近似値を b' とするとき，$a'+b'$ が $a+b$ の近似値であるということを，有理数の場合について証明せよ．近似値であるということをどう定義するか，また，どんな基本法則をその場合に用いることになるか.

⑥ 累乗の指数を無理数の場合にまで拡張していくときの論理的な手順を整理せよ.

⑦ 有理数と無理数の和，差，積，商は，無理数であるが，無理数と無理数の和，差，積，商は，必ずしも無理数であるとは限らない．後者の例を示せ．また，無理数の無理数乗についてはどうか．$\sqrt{2}^{\sqrt{2}}$ という数を例にして考えてみよ.

解　説

① p，q を互いに素な正整数として，分数 q/p を小数に直したとき，$0.\dot{3}\dot{6}$ となったとする．このことは q を p で割る除法で，商の第二位に 6 を立てたとき，部分剰余としてまた q が得られたことを意味する．これを整数の関係に戻せば，$100\,q=36\,p+q$ となる.

すなわち $36\,p=99\,q$ で，簡単にすれば $4\,p=11\,q$．これより，$q/p=4/11$ となる．これは無限についての算法とはかかわりのない論法になっている.

② 無理数の入った段階，あるいは一般の実数を扱う段階で，結合，交換，分配などの演算の法則をそのまま認めて議論を進めること，小学校で辺の長さが単位の有理数倍の場合に考えた長方形の面積の公式を，辺の長さが単位の無理数倍にもなりうることがわかった中学 3 年の段階で，そのまま用いること，三角形の一辺に平行な直線が他の二辺を等しい比に分けることを，比が整数比の場合に合同をもとに証明しながら，その結果を比が整数比にならない場合にも用いること，累乗指数を分数の場合まで丁寧に説明して指数法則を導きながら，これを実数指数のものとして扱うことなどがあげられる.

③ 数直線上で，原点，単位点をそれぞれ O，A，目盛が x の点を P，y の点を Q とする．加法は簡単で，点 A は直接関係しない．P から OQ に等しい長さ

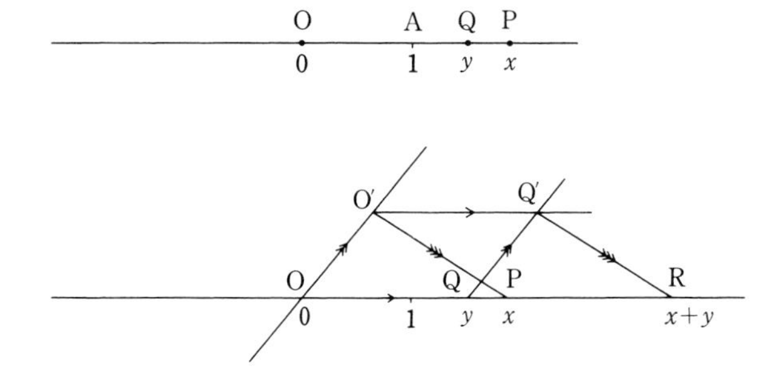

図 1

を $\overrightarrow{OQ}$ の方向にとった点をRとし，点Rの表わす目盛を $x+y$ と定義すればよい．$\overrightarrow{OQ}=\overrightarrow{PR}$ となるように点 R をとるには，コンパスによってもよいが，図 1 のようにしても作図できる．図で，OO′ は補助の直線で，O′Q′ // OQ，QQ′ // OO′，O′P // Q′R である．

積の作図は，1：y を一度補助の直線 OO′ 上に移し，この 1 と P を対応させて，y に対応する点を平行線を用いて数直線 OA 上に求めればよい．図 2 はこれを示している．

数直線を二つ平行に並べておいても，積の定義はできる．図 3 はこれを示したものである．手順は各自で考えてみてほしい．

このような作図で，和や積を定義したとき，結合，交換，分配の法則は，すべて幾何学的な命題になる．これを幾何学的に説明するのは，一種の幾何学的実数論であるが，ここでは，そこまでは立ち入らない．

④　二次関数の極大，極小の議論には変りはないが，二次方程式や二次不等

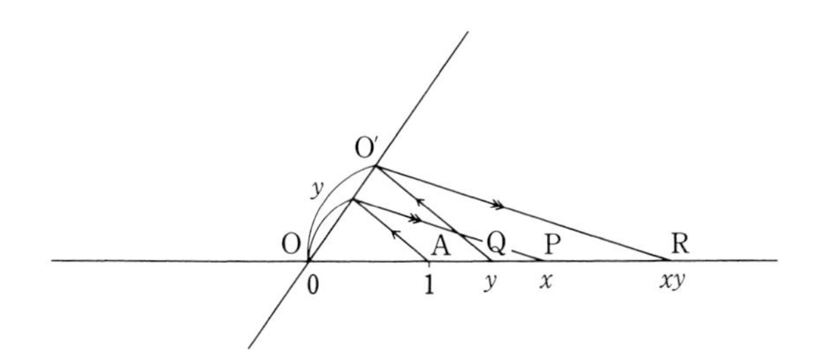

図 2

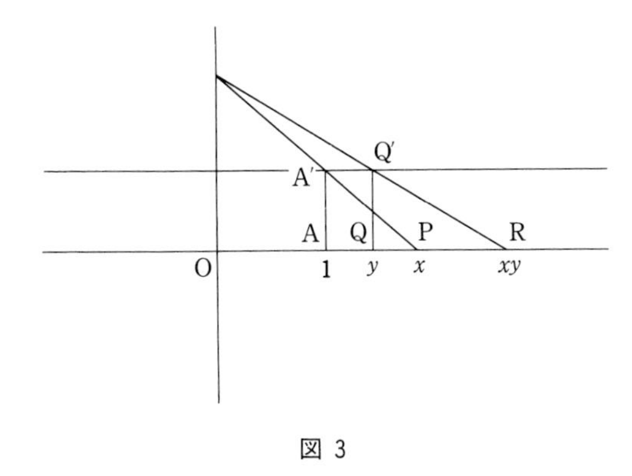

図 3

式の議論は変ってくる．有理数だけで考えるときは，たとえば，$y=x^2-x-1$ が $x=1/2$ で極小値 $-5/4$ をとることは同じだが，$y=0$ という方程式は解がないということになる．また三次関数になると，たとえば $y=x^3-3x$ は $x>0$ で極小値 -2 をとるが，$y=x^3-4x$ は，下に有界ではあるが極小値はもたない．

一般的にいえば，中間値の定理，ロルの定理，平均値の定理などが成り立たず，これらをもとにした議論は，全部やり直さなければならないが，それは大変面倒で，しかも不毛なものである．

⑤　x' が x の近似値であるというのは，x と x' との差（誤差）の絶対値に対して，それがこれ未満だという限界値（誤差の限界）が見積れるということである．

したがって，a',b' に対して，共通な正の数 ε をとって，$|a-a'|<\varepsilon$，$|b-b'|<\varepsilon$ とすることができる．

ところで，$|(a+b)-(a'+b')|=|a-a'+b-b'|\leqq|a-a'|+|b-b'|$ となるから，$|(a+b)-(a'+b')|<2\varepsilon$ となる．すなわち $a+b$ と $a'+b'$ との差の絶対値について，それが 2ε 未満だという見積りができた．

上の不等式の根拠は，$|p+q|\leqq|p|+|q|$ ということで，これは三角不等式といわれ，正の数，負の数の加法の定義の結果である．また，$p<q$，$r<s$ ならば，$p+r<q+s$ であることも用いているが，これも前記加法の定義からの結果である．これらは，中学１年の立場で考えたもので，有理数の範囲の議論であ

る．負の数を考えない小学校の立場でいうときは，$p>q$ は $p=q+x$ となる x（当然ながら正の数）があるということで，加法についての不等関係は，結合，交換の法則に基づくものである．

⑥ 累乗指数は，はじめ同数累乗の省略記法として導入される．この定義には指数 0，1 は含まれていない．この $a^0=1$，$a^1=a$ を含めて定義するには，a^n を次のように数学的帰納法によって定義すればよい．すなわち，$a^0=1$ とし，かつ a^n が定義されたなら $a^{n+1}=a^n\times a$ とする．この定義から，m,n を負でない整数とするときの指数法則 $a^m\times a^n=a^{m+n}$，$a^m\div a^n=a^{m-n}\ (m>n)$，$(a^m)^n=a^{mn}$ が導かれる．これから $a^{-n}=1/a^n$ と定義することで，負の整数の指数が定義され，指数法則は，m，n が正，負を含めた整数として成り立つ．

$y=x^n$ という関数は，$x>0$ の範囲では，単調増加となり，$x^n=a$ は $a>0$ であるとき，正の実数の範囲でただ一つの解をもつ．この確認には，$y=x^n$ のグラフを書き，プロットした点（有限小数）を滑らかな曲線で結び，直線 $y=a$ との交点を見ればよい．このことによって，有理数の範囲から，**実数の範囲へと直観的に飛躍する**のである．この解を $a^{\frac{1}{n}}$ と表わすことで分数指数を導入し，$(a^{\frac{1}{n}})^m$を $a^{\frac{m}{n}}$ と書くことで分数指数を導入する．この背後には $x^m=a^n$ と $x^{mk}=a^{nk}$ が同じ解をもつという認識がある．この認識によって，同値な分数に一つの実数が対応できるのである．こうして，定義をきちんとすれば，この定義から指数法則が導かれることは，形式的な等式変形に過ぎない．有理指数について a^x が定義できれば，開平計算と乗法の繰り返しで，x の 2 進法による小数展開の有限小数値に対して a^x の値が求まり（演習 3 参照），これによって，$y=a^x$ のグラフ上の点がプロットできる．これらの点を滑らかな曲線で結ぶことで，a^x の定義域を実数に拡大できるのである．グラフ上の点を滑らかな曲線で結ぶということは，有理数による近似の極限をとることの直観的な代用である．この新しい指数に対する指数法則は，近似値からその極限への移行によって確かめられる．対数の指導で，グラフを書かせることは，単に理解を助けるための補助手段ではなく，極限移行に代わるものという積極的な意味をもっている．

⑦ 次はその例に当る．

$$(\sqrt{2}+1)+(3-\sqrt{2}),\quad (\sqrt{2}+3)-(\sqrt{2}+1),\quad \sqrt{2}\times\sqrt{2},\quad \sqrt{2}/\sqrt{2}$$

$\sqrt{2}^{\sqrt{2}}$ は有理数か，無理数かはちょっとわからない．しかしそれが有理数であったとすれば，そこに無理数 $\sqrt{2}$ の無理数乗が有理数になる一例があったことになる．$\sqrt{2}^{\sqrt{2}}$ が無理数であったとして，これを a とし，$a^{\sqrt{2}}$ を考える．これは無理数の無理数乗の一つであるが，$a^{\sqrt{2}}=(\sqrt{2}^{\sqrt{2}})^{\sqrt{2}}=(\sqrt{2})^2=2$ で有理数になる．いずれにしても無理数の無理数乗で有理数になるものがあることになる．

余　談

ここにあげた問題点は，カリキュラムの中に取り入れることをねらいにおいたものではなく，指導の背景として考えておいてほしい点をあげたものであるが，課題①，③などは，カリキュラムの一部とすることも考えてみる値打ちはあろうかと思う．実際の数値計算の世界では，問題に応じて，十分小さい位までとった有限小数によって処理されている．末位の位取りに制限をおかない有限小数の世界を基として解析学を作れば，それで実用世界の数学はすみそうに思えるが，それは案外に複雑な制約の多い世界で，おそらくはやりきれないものとなろう．実数のうえの数学は，むずかしいように見えても実は簡単であって，このうえで考えて，有限性からの制約は，あとから付け加える方がやさしいのである．

演　習

1．課題①にならって，次の循環小数を分数に直せ．

（1）$2.3\dot{8}\dot{7}$　　（2）$0.0\dot{2}0\dot{7}$

2．課題③の加法，乗法の幾何学的作図に従って，正の数，負の数の加法の計算法や，乗法での積の符号の決め方が，図の上ではどうなっていることに相当しているかを確かめよ．

3．課題⑥では，$y=a^x$ のグラフ上の点をとるのに，x を 2 進法表示して考えることにしたが，これは理屈を述べるのを簡略にするためで，実際には 10 進法の方が便利であるが，それには平方根の他に $\frac{1}{5}$ 乗が必要である．次に述べるのは，開平キーつき四則電卓の繰り返し使用によって a の $\frac{1}{3}$ 乗，$\frac{1}{5}$ 乗を求める方法を示したものである．この方法で求められる理由を説明せよ．

（1）まず概算によって適当な初期値 x_0 を定める．

（２） x_{n-1} の値をもとに，次の式により x_n を求める．

$$x_n=\sqrt{\sqrt{ax_{n-1}}} \qquad \text{（３乗根について）}$$

$$x_n=\sqrt{\sqrt{\frac{a}{x_{n-1}}}} \qquad \text{（５乗根について）}$$

（３） $x_{n-1}\fallingdotseq x_n$ となったときの x_n を求める値とする．

4．上記の方法で，x の値を 0 から 0.1 おきにとったときの 2^x の値を求め，$-2\leqq x\leqq 4$ の範囲で $y=2^x$ のグラフを書け．

部屋割り論法

背　景

既約分数を小数に直すとき，分母が 2，5 以外の素因数をもつときは，循環小数が得られる．これは，次々に割り進むとき，部分剰余としては，0 がでてこない（0 がでてくれば割り切れ，その分数は 10 の累乗を分母とする分数と同値になり，したがってもとの分母は，2，5 以外の素因数は含まないことになる）から，部分剰余は 1 以上で，分母よりは小さい整数のどれかになる．その個数は分母の数より 1 小さい．したがって少なくとも分母の数だけ割り進めば，必ずその中には同じ部分剰余をもつものがあり，そこから後の商の数字は同じ配列の繰り返しになるからである．その要点を文字を用いていえば，$a>b$ とし 10^nb，$10^{n+1}b$，$10^{n+2}b$，……（n は自然数）を a で割ったときの余りを r_1，r_2，……とすると，$0<r_i<a$ で，異なる r_i の値の個数は（$a-1$）個である．したがって，r_1，r_2，…，r_a の a 個のうちは，必ず値の等しい余りがあるということである．

この終りに用いた論法は，ディリグレの部屋割り論法（引出し論法とも巣箱論法ともいう）の一例で，これは，次のようなもので，離散的な場面での存在を論ずるときの有用な論法である．すなわち

n 個の部屋に（$n+1$）人以上の客を割り当てようとすれば，少なくとも一つの部屋には 2 人以上を割り当てなければならない．

この部屋をタンスの引出し，客を品物，たとえばハンカチとして述べれば，引出し論法，部屋の代わりに巣箱，客の代わりに小鳥（多くは鳩）を取れば，巣箱論法（英語では pigeon-hole principle，英語の pigeon-hole という語には巣箱の小窓という意味とともに，引出しや整理棚の小仕切りの意味もある）という語が用いられている．

この論法を適用する問題をいくつかあげてみよう．もっとも，この論法が威力を発揮するのは，このような明示的な場面ではないのだが．

課　題

①　p, q を自然数として，$(pq+1)$人の客を p 個の部屋に割りふるとき，少なくとも1室には $(q+1)$ 人以上の客を入れなくてはならなくなることを証明せよ．

②　（1）　某大学のA学科には，今年371人の学生が入学した．この中には誕生日が同じ人が少なくとも2人はいることを示せ．

（2）　同じ大学のB学部は，学部全体で2566人が入学した．この中に誕生日が同じ人が少なくとも x 人はいると宣言するとき，x の最大値はいくらか．

③　弓の競技で，一辺が1の正六角形の的に19本の矢を当てた．このとき当った点の間の距離が $\frac{\sqrt{3}}{3}$ 以下になる2点が必ずあることを示せ．

④　n 人の人がパーティを開いた．その中には顔見知りの出席者の数が同じである人が少なくとも2人はいることを示せ．

⑤　円卓の席の前に出席者の名札が立ててあったが，席についたところ，どの名札もそこの席の人のものではなかった．このとき，円卓をぐるっと回すと，少なくとも2人は自分の前の名札が自分のものになっているようにできることを示せ．

⑥　α を無理数，ε を一つの正の数とするとき，適当な整数 x, y があって，$|y-\alpha x|<\varepsilon$ となることを示せ．

解　説

①　どの部屋も q 人以下とすれば，総数は pq 人以下になる．

②　（1）　371は366より大きい．（2）　$x>7$ であることは割り算からすぐわかる．そして $x=8$ は可能であり，$x>8$ とはなり得ないことを示す必要がある．

③　その中の2点間の最大間隔が $\frac{\sqrt{3}}{3}$ を超えないような18個の部分に的全体を分割できればよい．どうしたら可能か．中心と頂点を結べば6個の正三角形に分けられる．すると $3\times6+1=19$ だから，どれかの正三角形には4個の点が入る．これから考えて

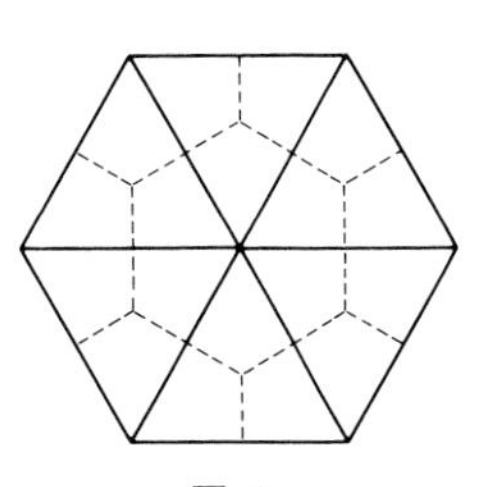

図 1

いけないか（図 1）.

④　顔見知りの出席者の数は，最大限は $n-1$(出席者は皆知人である)で，最小限は 0（誰も知らない）で，場合の数は n である．直接部屋割り論法は当てはまらないところに問題がある．しかし，顔見知りの数 0 の人が 2 人以上いれば，その人達は同数の顔見知りの組とみなせる．顔見知りの数 0 の人が 1 人の場合だけ考えればよい．

⑤　この課題は，何を部屋の数と考えるかという点に鍵がある．時計回りに自分の名札まで何人分の席があるか，隣りを 1 として数え，この数を各人に対応させる．この数は，出席者の数を n とすると，1 から $n-1$(誰も自分の前の札は自分の名前のものではないから）までの間の数で，これが部屋の数である（図 2）.

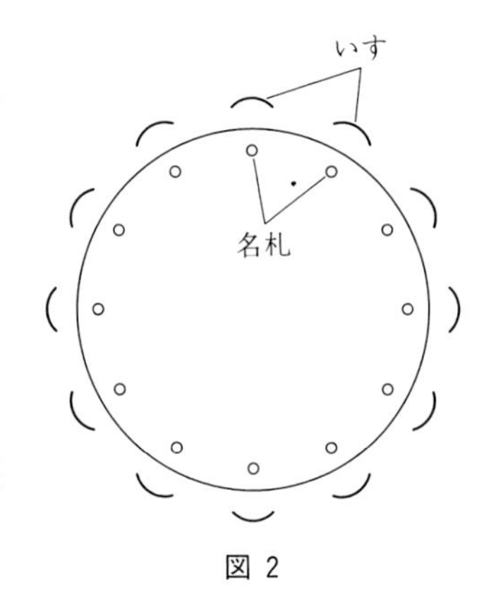

図 2

⑥　実数 x に対して，x を超えない最大の整数を $[x]$ で表わす（[　] をガウスの記号という）.

いま $n>\dfrac{1}{\varepsilon}$ であるような自然数 n をとり，$|y-\alpha x|<\dfrac{1}{n}$ となるような，整数 x, y がとれることを証明する．

そのため，$\alpha-[\alpha]$, $2\alpha-[2\alpha]$, …, $n\alpha-[n\alpha]$ で表わされる n 個の数を考える．これらは，いずれも 0 と 1 の間の数で，かつ無理数である．どれかの k($k=1, 2, \cdots, n$)に対して $k\alpha-[k\alpha]$ が $\dfrac{1}{n}$ より小さければ，$x=k$，$y=[k\alpha]$ が求めるものである．

そうでないとき，区間 $[0, 1]$ を n 等分して，部屋割り論法を適用する．そうとすると，$\left[\dfrac{1}{n}, \dfrac{2}{n}\right]$, …, $\left[\dfrac{n-1}{n}, 1\right]$ の $(n-1)$ 個の区間のどれかは，二つの値を含むことになる．その場合の α の係数を，m，n とすれば $|m\alpha-[m\alpha]-(n\alpha-[n\alpha])|<\dfrac{1}{n}$ となる．

したがって $x=m-n$，$y=[m\alpha]-[n\alpha]$ とすればよい．

余　談

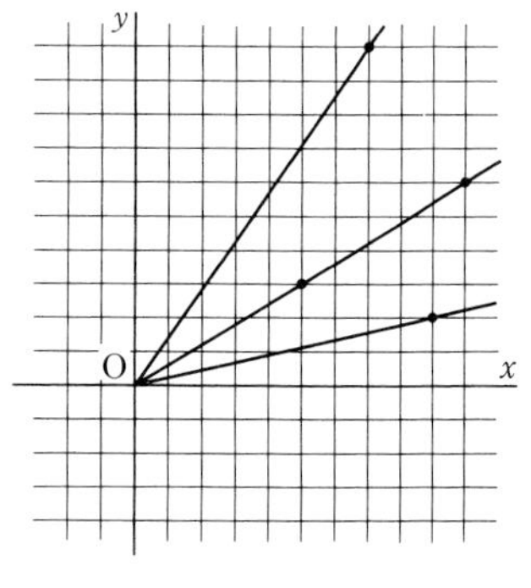

図 3

座標平面上で，x 座標，y 座標がともに整数である点を格子点という．座標の原点から直線を引くとき，その直線の傾きが有理数ならば，その直線は必ず格子点を通り，直線上には，格子点が一定間隔で並ぶ（図 3）．しかし，直線の傾きが無理数であれば，その直線はどの格子点にもぶつからず，その間を通り抜けていく．しかも x 座標をある正の整数 n までの範囲で考えるとき，そこまでの間に，y 軸方向に測った距離が $1/n$ より小さくなる格子点が必ずあるというのが課題 6 の意味である．

原点を通らない傾きが無理数である直線 $y=\alpha x+\beta$ についても同じようなことがいえる．すなわち，$|y-\alpha x-\beta|$ がいくらでも小さくなるように，整数 x，y が選べるということである．このことから，有理数と無理数の違いの幾何的な表われとして次のようなことが導かれる．

円 O の周上に 2 点 A_1，A_2 をとり，$\angle A_1OA_2=\alpha$ とする．$\overset{\frown}{A_1A_2}$ に等しい弧 $\overset{\frown}{A_2A_3}$，$\overset{\frown}{A_3A_4}$，$\overset{\frown}{A_4A_5}$，……を順々にとっていき，点 A_1，A_2，A_3，……を線分で結んでいく（図 4）．このとき，α が 2π の有理数倍ならば，いつかは A_1 と一致する点が現われ，あとは同じ繰り返しになる（循環小数と似ている）．そうして点 A_1，A_2，……，A_n は正 n 角形の頂点となり，線分 A_iA_{i+1}（$i=1$，……，n）は，その辺または対角線となる．α が 2π の無理数倍であれば，点列 A_1，A_2，A_3，……はどこまでも続き，これらの点の全体は，円周上に稠密に分布する．すなわち円周上の任意の点の近傍に入る点列の点が必ずあることになる．

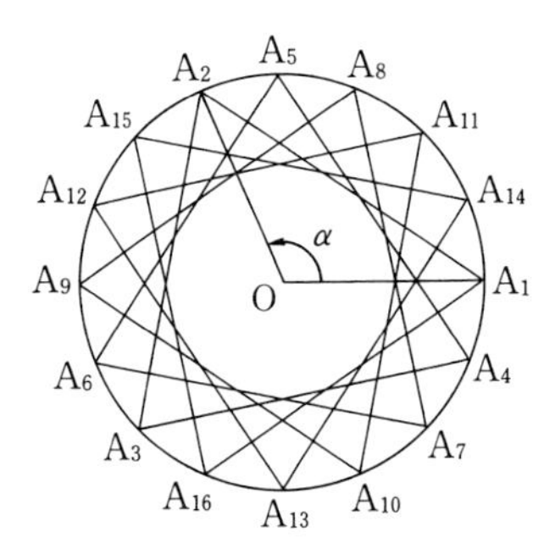

図 4　α が有理数

これが $|y-\alpha x-\beta|<\varepsilon$ の一つの意味である．

そしてこれらの点を結ぶ線分の全体は，円 O の内部にある一つの同心円に接し，同心円間の環状の部分を埋めていく（図5）．この折れ線は，円周状の玉突台で球を突いたときの球の通路とみなせるが，この通路は，輪状の部分の任意の点の近傍を必ず通っていく．この意味では，この折れ線は環状部分をほとんど埋めているといってもよい．

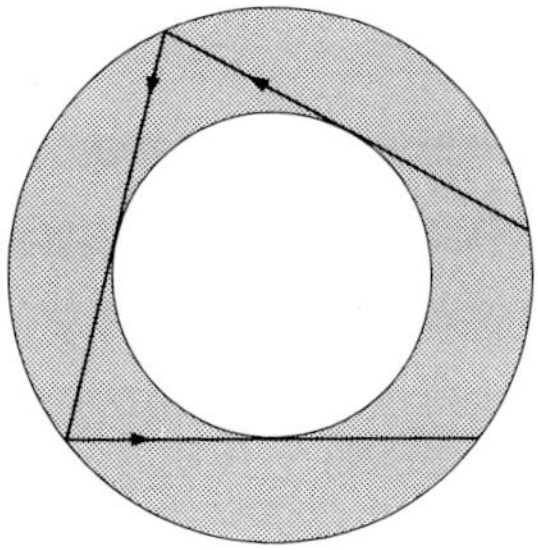

図5　αが無理数

演　習

1．$(n+1)$個の自然数の集合の中には，その差がnの倍数となるものが必ずあることを示せ．

2．n個の自然数の集合には，その部分集合で，要素の和がnの倍数となるものが必ずあることを示せ．

3．座標空間で，x，y，z座標がすべて整数である点を格子点とよぶことにする．格子点を9個とるときは，それらを結ぶ線分の中には，格子点を内部に含むものが必ずあることを示せ．

4．座標平面上の格子点について考える．格子点を少なくとも何個とれば，それらを結ぶ線分の中に，内部に2個以上の格子点を含むものが必ずあるといえるか．

5．1辺が2の長さの正方形の内部に任意に9個の点をとり，これらの点を結んで三角形を作る．その三角形の中には，面積が0.5以下のものが必ずあることを示せ．

6．数列の一部の項を削除して，順序を変えずに並べた数列をもとの数列の部分数列という．異なる50個の実数からなる数列には，8項以上の部分単調数列があることを示せ（各項に，その項を初項とする部分増加数列の項数の最大値を対応させてみよ）．

文字の使用

背景

数学は記号を積極的に活用する学問であって，その記号の配列や配列替えについての体系的な規則をもっている点で，他の学問における記号の用い方とは際立った違いがある．また，将棋や囲碁は，駒や石を記号と考えれば，その配列や配列替えについての規則が決められているゲームである．所定の配列から認められた規則による配列替えで，所定の条件を満たす配列を作ることがゲームで，この面では，数学のある側面と類似しており，ときに数学も，記号のゲームといわれることもあるくらいである．

しかし，将棋や囲碁での記号は，現実のどんな事態に対応しているわけでもなく，その配列替えの結果も，ゲームの外側にある現実の事態にかかわりはない．この意味では，それは遊び，ゲームである．数学の場合は，用いる記号は，現実に対応し**得る**ものであり，配列替えの結果もまた然りであって，むしろ現実についての何らかの情報を引き出すためにそうするのである．ここに，遊びとは大きく異なる面がある．

十進位取り記数法と，これによる四則のアルゴリズムや式表示を学習することは，小学校での主要な学習内容であり，アルファベットを用いた代数的な記号系を学ぶのは，中学校での主要な任務である．ここでは主として後者について考えることにする．

代数的記号系というのは，一種の人工言語であり，その限りでは，(1)　何の目的で考えられ（効用)，(2)　どんな意味で用いられ（意味論)，(3)　どんな規則で構成され（構文論)，(4)　どんな習慣的なしきたりがあるか（修辞法）について知ることが，その学習に必要である．そして，これらの習得には，自然言語の学習と同じように，ある年月にわたる継続的な学習が必要で，一度聞けば，それで身につくといったものではない．

一方，その教育に当る数学科の教師の多くは，これらの学習の成功者であって，長い年月の間に習得したこの人工言語が，あたかも第二の自然言語であるかのように身についている．それだけに，そこにおける基本的な約束や慣習は，それとは自覚せずに当然視して用いている．ここに，初学者である生徒との間に会話の不通が生まれ，生徒にわかりにくくしている大きな原因がある．特に，学習する記号系が，西欧の文化圏で生まれ，そこでの言語文化を反映（アルファベットの使用，記号配列の順序など）しているだけに，異なる言語文化の中で育ったわが国の生徒にとっては，なおさらのことである．記号系を日本語を背景としたものに直して教えることは，可能ではあるが，得策ではない．現在の記号系は，一応国際言語の役割をもっているからである．

ここでの課題のねらいは，この代数的記号系の基本の考え方や人為的な規則を明らかにして，長期間にわたる指導の鍵となる点を同定することにある．作業のためには，現在学校で使用されている教科書（主として中学校１年用，２年用）を資料として用いるとよい．

課　題

①　変数という語は，教科書ではどういう意味に扱っているか．また，素朴な形での変数について，小学校での扱いはどのようになっているか．

②　文字を用いた式の意味とは何か．また式を用いることの効用として教科書では，どんなことを強調しようとして，どんな題材を用いているか．

③　文字式を書く場合の約束ごととして教科書では，どんなことをあげているか．また，そこには述べてないが，ときには暗黙裡に用いているものがあれば，それをあげよ．

④　次の語の意味を説明せよ．

（1）　式の形　　　　（2）　式の計算

解　説

①　変数とは，文章や式（記号の線形配列）の中で，具体的な対象の名前をそこに置き換えることができる場所を示す記号で，いわば代名詞の働きをしている記号である．代数の場合には，置き換える具体的な対象は，個別の数であるから，これを代数詞とよぶ人もいる．代名詞代わりに記号を用いるのは，契約書などにも見られるやり方で，「以下借家人大田芳雄を甲とし，家主山本三郎を乙とする.」といっておいて，以下は，甲，乙という語を用いて条文が記述さ

れているのは，その例である．日常語の代名詞では，同じ文脈の中に，同姓の2人以上の人物がでてくると，その区別がつけにくい．これを甲，乙とかA，Bとか呼んで区別すれば，表現しやすくなる．この考えが変数である．そして，それは置き換えるべき場所を示す記号であるとともに，ある置き換えがなされたと仮定したうえで，置き換えるべき対象の仮の名前の役割をも果たす．この点でも代名詞と似た働きをしている．

素朴で未分化な形での変数は，すでに小学校の低学年の学習から用いられている．3×□＝12の□は，変数というよりも一種の伏字で，文脈全体からそこに記入されるべき値を問うものであるが，場所を示すという意味では，変数の素朴な形であるともいえる．乗法の交換法則を示す○×△＝△×○は，両辺にある○なり△なりが，それぞれ同じ数を意味し，○と△とは別の数という暗黙の了解のうえに立っており，ここでは，○や△はすでに変数として用いられているといえる．また，長方形の面積の公式を（面積）＝(たて)×(よこ）と書くときの（面積），(たて)，(よこ）も変数である記号の役割をもっている．上級になれば，上記のような場面に，a や b，x や y なども用いて，中学校での正式な導入への素地を培っている．中学校で一挙に文字を導入するよりは，このような非形式的なやり方で徐々に慣れていき，ある段階で形式化するのは，言語の学習としては自然な姿であろう．

② 文字を用いた式では，そこに等号，不等号を含んだものと，含まないものとがあり，前者は文に相当し関係の記述であり，後者は句に相当し，代名詞を含んだ文句による別のものの命名（記述）である．句である式は，文字のところを，その文字が代理しているはずの数値で置き換えると，文字を含まない数式が得られ，これは一つの数値を表わす．この操作をいうとき，それぞれ文字の値，代入，式の値という語が用いられる．句である式は，文字が表わす数から別の数を構成する手順を記述したもので，一種の関数である．そして文である式（関係式）は，この関数値についての関係を記述したものである．式の効用というのは，関係式を用いることの効用であるといってよい．それは，次のようにまとめられるであろう．

1. 文章題を方程式，不等式を用いて解く場合のように，文脈に従ってやさしく条件を数学の中の関係に翻訳することができ，その後は文脈を離れて，数学の中の関係だけに基づいて機械的形式的に処理ができる．

2．等式の変形による証明（たとえば，3 の倍数の和が 3 の倍数であることの証明）のように，特定の数値例にかかわることなく，すべての場合に通ずる法則を簡潔に記述し演繹推論を具体的に進めることができる．

3．2 の特別な場合であるが，不思議と思われることの理由がすっきりと説明できる（演習 1 参照）．

4．一見関係がありそうなデータのうち，何が本質的に結果に影響するか，何は関係ないかが同定できる（演習 2 参照）．これは化学変化の場合に用いるトレイサーのような役割である．

5．純粋な数値計算の場合でも，その過程の一部を文字で置き換えて遂行することにより，数値的なわずらわしさを最小限にすることができる（演習 3 参照）．

③ 文字式での規約は，基本的には文字を含まない数からなる式についての規約を前提にしている．ここでは，これはわかっているものとする．

1．基本的な規約

1-1．アルファベットの中の文字を 1 個ずつ別の意味に用いる．

コンピュータのプログラム言語では，変数としてアルファベットの文字を 2 字以上続けたものも用いるが，ここではそうしない．このため次に述べるように積の×の記号が省略できるのである．単一の文字を使うとはいっても，後には x_1 とか $v_{\max}$ とかのように添え数，添え字をつけて実質的には 2 文字以上を用いることもでてくる．しかしこの場合も，添え字，添え数を書く位置をずらして，単一性を保つようにしている．

1-2．一連の文脈の中では，同じ数には同じ文字を，違うものには違う文字を用いる（違う文字で表わしたものが，実は同じになるということは別に妨げとはならない）．

1-3．文字は，数を表わすのであって，数字の代わりでもなく，また単位をもった量でもない．数字ではないという意味は，たとえば 2 けたの整数を表わすのにその十の位，一の位の数をそれぞれ a，b とするとき ab と書くと，その積の意味になってしまう．これは $10a+b$ としなくてはならないということである.

また量ではないというのは無名数として扱うことで，理科のある種の教科書やJISでの量記号の意味の文字とは異なる用い方である．たとえば $x=3$ cm という表記はせず，$x=3$(cm) と必要ならば単位は注記に止める．もっとも数学科の中でも図形や三角比に関係して文字を用いるとき，このことが徹底しているとはいいがたい.

2．式の書き方についての規則

2-1．文字と文字の間，数と文字の間，数とかっこで囲まれた式の間，文字とかっこで囲まれた式の間の乗法記号×は，特別に必要がない限り，省略する.

乗法記号を省略して書いた積は，他の演算記号に優先する．たとえば $a\div bc$ は $\dfrac{a}{bc}$ であって $a\div b\times c$ の省略ではない.

2-2．数と文字の積では数因数を先に，文字同士の積では，アルファベット順に書く．ただしこの後者は，多数の文字を含む式を扱う場合に，誤りを防ぐ目的から生まれた技法で，便宜的なものである．そうしなかったらおかしいというほどのものではない.

2-3．同じ因数の積は，特に必要がある場合を除き，累乗指数を用いて表わす．$a^1=a$ とする．同じ数の積の省略形として累乗を説明すると，a^1 は定義のない記号になる．指数表示した積は，他の演算記号に優先する．たとえば，$a\div b^2$ は $a\div(b\times b)$ であって，$a\div b\times b$ ではない.

2-4．特に必要がない限り，除法は記号÷を用いず，分数形で表わす.

小学校で学んだ数についての除法には，二つの数学的には異なる意味があった．一つは分数までの範囲で考え，答えとしては一つの数を求めるもので $13\div 7=\dfrac{13}{7}$ とするものである．もう一つは整数の範囲で考え，整商と余りとを求めるもので $13\div 7=1$ 余り 6 とするものであるが，文字式で分数形を用いるときは，この前者の除法を意味する.

また，$a\div b$ に対し，これを $\dfrac{a}{b}$ と表わす場合，a，b は自然数とは限らないのであって，したがって，この記法を導入したことで，同時に

$\dfrac{7.50}{3.14}$ や $\dfrac{\frac{15}{2}}{\frac{22}{7}}$ のような繁分数といわれるものも定義されたことになる.

また，これによって，a がどんな数であっても，その逆数を $\dfrac{1}{a}$ と表わすことができるようになったのである.

2-5. 特に必要がなければ $0-a$ は $-a$，$1\,a$ は a と書く（a は正の数とは限らない）. $1\,a=a$ であることは，当然であって $1\,a$ という書き方をしないのは習慣を述べたに過ぎない. しかし，$-a$ は，ここではじめて定義された書き方で，これは $(-1)\,a$ によって定義してもよい. ここではじめて $-(-3)=3$ となるのである.

3. 文字の種類の選択

本来は，式の意味は，用いられた文字の種類には関係しない. しかし，文字が今何を表わしているのかの記憶を容易にするために，自然と想起しやすい文字を選ぶ習慣が生まれている.

3-1. 解析的な考察では，当面何が重要な変数であり，何は定数と考えるかの区別がつけやすいよう，前者は x，y，z，などアルファベットの終りの方の文字を，後者には a，b，c，…など，はじめの方の文字を用いる.

3-2. 物理的な場面，あるいは幾何学的な場面では変数，定数の区別は二義的で場面によって異なる. むしろ各文字がどんな量を表わしているかに関心がある. それで，たとえば，速度は v，面積は A など，量の名(英語での)の頭文字などを用いる. 角やその大きさを表わすのにギリシア小文字を用いるのも，この部類に属する.

④ （1） 式の形という語は教室で話すときはよく用いる語であるが，さて改まって“その意味は？”と問われると答えにくい語である. これは物の形というときの形とは何かと問われて答えにくいのと同じである. このようなとき，同じ形であると判断するときの基準を述べることが一つの答え方になる. 物の形についていえば，一方から他方への相似変換が存在するときといえばよい. この同じ形という関係は明らかに同値関係であり，形というのは，その同値類の

ことである．これと同じように，式の形についても，同じ形の式を同定する手順を考えればよい．二つの式の一方の変数に，他方の変数あるいは式を対応させ，この対応で一方での演算には，他方で同じ演算が対応しているとき（物の形の場合，対応する角が等しいことに相当する）同じ形の式とみる．たとえば，a^2-b^2 と $(x+y)^2-z^2$ で a に $x+y$ を，b に z を対応させれば，2 乗と減法とが同じになっているので，この二つの式は同じ形の式と見られる．文字式の処理においては，どんな形がどんな目的のために便利であるかの知識と，与えられた式をどんな形のものと見るかの見方が，問題解決の鍵となる．式の変形というときの形もこの意味である．

（2） 二つの式の和，差，積，商は，その式の値の和，差，積，商によって定義されていると考えるのが，中学校から高校へかけての考え方である．この考えで意味を考えたものの実際の処理は，文字を無意味の記号としてその係数や指数についてだけ数計算を行えば式の計算はすんでいく．いわば，不定元としての文字の扱いが暗黙裡に入ってくる．これがはっきりと意識されるのは，一変数の整式についての整商と余りを求める除法である．この場合の除法は，関数値についての除法ではない．整式の除法を他の式計算と別扱いにして，学年を遅らせているのは，このためである．

数の計算と比べて，式の計算がわかりにくいもう一つの理由は，何が答かはっきりしないということである．数の場合は，答えとなるのは，標準形で表示された数であった．式の場合には，この標準形，すなわち求める最終形の意味が生徒にははっきりしないことが多いからである．どんな形の式が答としてほしいのかは，式を扱う目的による．目的を明示しない場合は，降べき順に並べ簡約した形ということになるが，これが何の役に立つのかがはっきりしていない．無目的に計算のための計算を課すことは，考えものである．

演　習

1．次のような数当てのゲームがある．

「2 けたの整数を一つ考えて下さい．」

(25 を考えたとする．)

「その数を 10 倍して，9 の段の九九の中の勝手な一つの答えを引いて下さい．その結果を教えて下さい．」

($25\times10=250$，9 の段の九九として $7\times9=63$ を選ぶと $250-63=187$ なので，187 を教える.）

「はじめに考えた数は 25 でしょう.」

これについて次の問いに答えよ.

（1） どのようにして 187 から 25 を導いたか.

（2） このゲームのミソは，9 の段の九九のどれを選んでもかまわないというところにある. このことを含めて，ゲームが成り立つ理由を説明せよ.

2. 右の図 1 は，トラックの競走路の図で直線部分は長方形の 2 辺，曲線部分は半円である. 外側を一周するには，内側を一周するのより明らかに余計に走らなくてはならない. コースをはずれることなく一周する競技を公平に行うには，出発点をどれだけずらさなくてはならないか. 関係すると思われる量を文字で表わして考えよ.

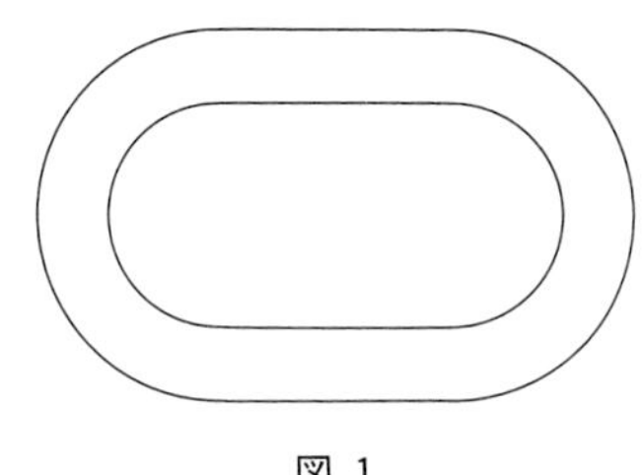

図 1

3. 地球の半径は 6380 km である. その赤道に縄をまきつけたとして，これをどこでも 1 m の高さに持ちあげるには，縄がどれだけ余計に必要になるか.

4. 上記演習 1，2，3 のように，文字を用いることの効用を知らせようとして，教科書で工夫してある問題の例を探せ.

5. 式の形についての用語として教科書にあげてあるものを列挙せよ.

6. $f(x)=x^2+3x+5$，$g(x)=x+3$ とすれば，$f(x)$ を $g(x)$ で割ったときの整商は，$q(x)=x$，余りは 5 となる. しかし，n を自然数とするとき，$f(n)$ を $g(n)$ で割ったときの商は n で，余りは 5 であるとはいえない. どんな n のときは，余りが 5 になり，どんな n のときはそうならないか.

余　談

式を書く場合の習慣としてなお注意を要する点を追加しておこう.

1） 文字を用いた式の中では帯分数記法は避ける. 帯分数記法はいわば整数部分と分数部分との間の加法の記号＋が省略された形のものである. これを乗法記号×が省略された文脈の中で用いるのは，混乱のもとになりかねない.

2） 印刷の場合，変数はイタリックで，単位記号の m や kg は立体で用いる．log や sin などの関数記号も立体である．これは JIS などにも採用されている習慣である．また，分数表示の場合/を用いて一行に書くこともよく行われる．この場合，かっこを余分に用いて分子，分母がまぎらわしくないようにする注意が必要である．

3） 方程式や不等式で文が終る場合，欧文では，句点（ピリオド）をつけるが，日本文の場合句点を省く習慣がある．

比　　例

背　景

実数の集合を $\boldsymbol{R}$，有理数の集合を $\boldsymbol{Q}$，負でない実数の集合を $\boldsymbol{R}^+$，負でない有理数の集合を $\boldsymbol{Q}^+$とする．小学校 6 年生までの数の世界は，原則的には $\boldsymbol{Q}^+$，中学 1 年で $\boldsymbol{Q}^+$が $\boldsymbol{Q}$ に拡大され，中学校 3 年で $\boldsymbol{Q}$ が $\boldsymbol{R}$ に拡大される．

比例関数は，小学校では $\boldsymbol{Q}^+\to\boldsymbol{Q}^+$の関数として，中学校 1 年では $\boldsymbol{Q}\to\boldsymbol{Q}$ として学習するが，中学 3 年になれば，$\boldsymbol{R}\to\boldsymbol{R}$ の関数として，中学 1 年で学んだ性質を利用する．学習している生徒には，その間の相異は，はっきりとは意識されず，直観的，帰納的に次の段階の意味になじんでいくことが多いだろう．また教育上はそれでもよいともいえるが，指導に当る側としては，その間の相異を承知し，直観的，帰納的に進むときに，実は，どこで論理的には飛躍しているのかを承知しておく必要があろう．生徒がなんとなくわからないという場合に，そこに原因のある可能性もかなりある．以下の課題は，そのためのものである．

課　題

比例の定義の仕方として，次の 4 通りを考えることにする．$y=f(x)$ を x の関数とするとき

（1） x の値が 2 倍，3 倍，4 倍，……になると，それに伴って，y の値も 2 倍，3 倍，4 倍，……になる*.

（2） y の値は，x の値に一定数 k を掛けたものである．

（3） x の和には，y の和が対応する．

（4） y の x に対する比の値が一定である．

関数記号 $f(\quad)$ を用いて述べれば

（1）′ すべての $n\in\boldsymbol{N}$（$\boldsymbol{N}$ は自然数の集合），すべての x に対して

---

* この文は，小学校の数科書にもでてくる文であるが，おそらく小学校の算数科の教科書の文の中で，最も論理的に複雑なものの一つであろう．（「続数学と日本語」（共立出版）p.193〜195 参照）

$f(nx)=nf(x)$

(2)′　すべての x に対し $f(x)=kx$．ただし k は一つの定数

(3)′　すべての x，y に対し $f(x+y)=f(x)+f(y)$

(4)′　0でないすべての x に対し $\dfrac{f(x)}{x}=k$

と書ける．

$x\neq 0$ であるときは，(2)′と(4)′は同値であるから，これからの考察では(4)′を省くことにして，(1)，(2)，(3)の同値関係を調べることにしよう．

①　f を $\boldsymbol{Q}^{+}\to\boldsymbol{Q}^{+}$ の関数とする．このときの(1)′，(2)′，(3)′の同値関係を調べよ．

②　f を $\boldsymbol{Q}\to\boldsymbol{Q}$ の関数とする．このときの(1)′，(2)′，(3)′の同値関係を調べよ．

③　負でない実数の集合を $\boldsymbol{R}^{+}$ する．f を $\boldsymbol{R}^{+}\to\boldsymbol{R}^{+}$ とするときはどうか．

④　f を $\boldsymbol{R}\to\boldsymbol{R}$ とするときはどうか

解　説

①　この場合には，(1)′→(2)′→(3)′→(1)′という形で同値関係が確かめられる．

すなわち(1)′から $n\in\boldsymbol{N}$ として $nf\left(\dfrac{x}{n}\right)=f\left(n\cdot\dfrac{x}{n}\right)=f(x)$ から

$f\left(\dfrac{x}{n}\right)=\dfrac{1}{n}f(x)$ となる．したがって

$f\left(\dfrac{n}{m}\right)=\dfrac{1}{m}f(n)=\dfrac{n}{m}f(1)$ となり，$x=\dfrac{n}{m}$，$f(1)=k$ とおけば $f(x)=kx$ となり(2)′が得られる．

(2)′→(3)′は，$f(x+y)=k(x+y)=kx+ky=f(x)+f(y)$ で乗法の分配法則にほかならない．

(3)′が成り立てば，$x=y$ とすれば，$f(2x)=2f(x)$ が得られ，以下数学的帰納法を適用することで，$f(nx)=nf(x), n\in N$ が得られる．これで(1)′→(2)′→(3)′→(1)′が証明されたから，これらは同値である．

②　(1)′→(2)′はいえない．たとえば，次のような関数 $f(x)$ を考えてみる．

$$\begin{cases} x \in \boldsymbol{Q}^+ \text{のとき } f(x)=2x \\ x \text{が負の有理数のとき } f(x)=3x \end{cases}$$

この $f(x)$ は，すべての自然数 n に対して $f(nx)=nf(x)$ となるが，(2)′の条件は満たさない．(1)′の $\boldsymbol{N}$ の代わりに　負も含めた整数の集合 $\boldsymbol{Z}$ を採用したものを(1)″とすれば(1)″→(2)′となる（中学校の1年で，小学校での定義(1)を(2)′の形に言い換える理由の一つになる）．

(2)′→(3)′は前と同様である．(3)′→(1)″はどうか．

(3)′で $x=y=0$ とすると，$f(0)=0$ が得られる．0以外の $\boldsymbol{Q}^+$の元を x とすれば，$x+(-x)=0$ となる $-x$ が $\boldsymbol{Q}$ には存在するから，$f(0)=f(x+(-x))=f(x)+f(-x)$ より，$f(-x)=-f(x)$ すなわち $f((-1)x)=(-1)f(x)$ が得られる．したがって $n \in \boldsymbol{Z}$ に対し $f(nx)=nf(x)$ となる．すなわち(3)′→(1)″である．それゆえ $\boldsymbol{Q}$ では(1)″→(2)′→(3)′→(1)″であって，(1)′のままでは同値とはいえない．

③　(2)′→(3)′→(1)′は $\boldsymbol{Q}^+$や $\boldsymbol{Q}$ の場合と同様で問題はない．(1)′→(2)′について考える．$x \in \boldsymbol{Q}^+$のときは $f(x)=f(1)x$ となることは，課題①で確かめてある．ここで，$f(x)$ が連続という仮定があれば $x \in \boldsymbol{R}^+$でも $f(x)=f(1)x$ となることはすぐわかる．学校教育での扱いは，この連続性を直観的に認めたうえでのものといえよう．連続の仮定がなければどうか．次の例は，(1)′だけからは(2)′が導けないことを示している．$f(x)$として次のような関数を考える．

$$\begin{cases} f(x)=2x,\ x \text{が0または正の有理数のとき} \\ f(x)=3x,\ x \text{が正の無理数のとき} \end{cases}$$

この $f(x)$ は(1)′ではあるが，(2)′の条件は満たしていない．

ところが，(3)′からは(2)′が導ける．それは，(3)′が $f(x)$ が増加関数であることを意味し，このことが(1)′だけの条件の場合より，強い条件になるからである．

すなわち $f(x) \in R^+$であるから $f(x)>0$

$x>y$ とすれば $x-y \in R^+$，ゆえに $f(x-y)>0$ で，かつ

$f(x)=f(x-y+y)=f(x-y)+f(y)>f(y)$.

すなわち，$f(x)$は増加関数である．

(3)′→(1)′はいえているから，$x \in \boldsymbol{Q}^+$なら $f(x)=f(1)x$.

$x_0 \in \boldsymbol{R}^+$で$f(x_0) \neq f(1)x_0$となるx_0があったとする.
$f(x_0) \neq f(1)x_0$であるから，$f(x_0)/f(1)$とx_0との間にある有理数x_1をとって考える．$f(x_0)/f(1) < x_1 < x_0$としてみるとfは増加関数だから，$x_1 < x_0$より$f(x_1) < f(x_0)$となり

$x_1 f(1) < f(x_0)$．$f(1) > 0$だから$x_1 < f(x_0)/f(1)$

これは矛盾である．$f(x_0)/f(1) > x_1 > x_0$としても同じように矛盾が導ける．したがって$f(x_0) \neq f(1)x_0$となるx_0は存在しない．すなわち，すべての$x \in R^+$に対し$f(x) = f(1)x$である(したがってfが連続なことも，これに含まれている)．

以上をまとめると

$$(3)' \longrightarrow \left\{ \begin{array}{l} (1)' \\ f\text{が増加関数} \end{array} \right\} \longrightarrow (2)' \longrightarrow (3)'$$

となる．(1)$'$よりは(3)$'$の方が強い条件である．

④　fが$R \to R$の関数のときはどうか．(2)$' \to$(3)$' \to$(1)$''$であり，(1)$'' \to$(2)とはならないことは課題③と同じである．

fが単調関数ならば，(3)$' \to$(2)$'$がいえることも課題③と同じにいえるが，課題③ではfが単調なことは，$R^+ \to R^+$であることから導かれた．$R \to R$では，このことはいえない（これについては，余談2を参照のこと）．

余　談　1.

比例の関係を実際に応用する場合，(1)，(2)，(3)のどの定義が有効であろうか．(2)ははじめから2変数の演算的な関係がわかっている場合で，これをyがxに比例していると言い換えるのは，定数kについての情報をなくすことで，あまり意味がない．(2)は結論としてはふさわしいが，応用の出発点としてはふさわしくない．

実際の場面に当っての考察では，(3)の方が(1)より本質的でしかも単純である．たとえば，同じ物質の体積Vと質量Mとの関係を考える場合．必要な実験（経験的データ）は，物体の形がどうあろうと，体積が決まれば，質量が決まってくるということで，これによってMをVの関数と考えることができる．そうすれば，体積は，その概念の構成上加法的であり，質量は，経験的にいって加法的であるから，$M = f(V)$とすれば$f(V_1 + V_2) = f(V_1) + f(V_2)$が得られ，課題③の場合に相当するから，$M = kV$が導かれる．いろいろな試料によって実

験するのは，M，V の関係には，形が関与してないことの確認も意味するものであり，試料を同形，同大のものをいくつも用いるのは(1)の立場で，重要な点を一つ落した扱いである．

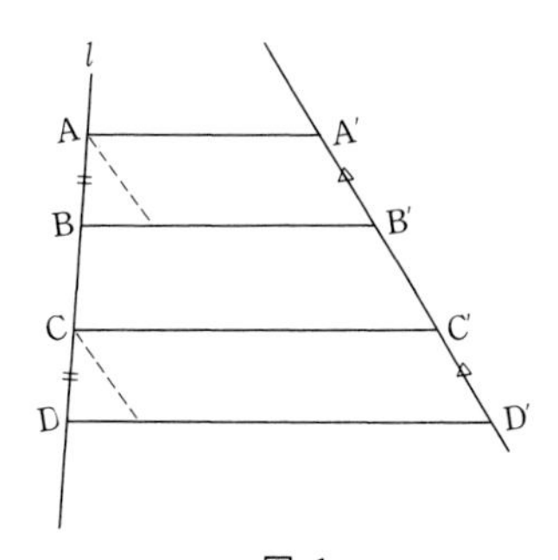

図 1
AA′ // BB′ // CC′ // DD′
AB＝CD → A′B′＝C′D′
B が AC の間にある→ B′ が A′C′の間にある．

直線 l 上の線分を直線 m 上の線分に平行投影した場合の比例関係を論ずる場合でも，l 上で合同な線分の投影像が，m 上でも合同であること，l 上での線分の和が m 上での線分の和に対応すること，すなわち，点が間にあるという関係が平行投影で変らないことを確かめれば，l 上の線分と m 上の対応する線分との比例関係は，課題③からすぐに導かれる．

演　習

1．x が 2 倍になると，y も 2 倍になるというだけで y は x に比例するといえるか．いえなければ反例を示せ．

2．すべての実数 x について $f(2x)=2f(x)$ で，f が微分可能であり，f' が連続であるときは，$f(x)=kx$ となることを証明せよ．

3．すべての実数 x，y について $f(x+y)=f(x)+f(y)$ で，f が微分可能であるとき，微分法を利用して，$f(x)=kx$ であることを導け．

4．実数 x，y の実数値関数 $z=f(x, y)$ があって，x が一定なときは，z は y に比例し，かつ y が一定なときは，z は x に比例する．このとき $z=kxy$（k は定数）となることを次のようにして示せ．

（1）f の (x, y) における値と $(x, 1)$ における値を比較する．

（2）f の $(x, 1)$ における値と $(1, 1)$ における値を比較する．

備考：この 4.の考え方は，物理学で等温変化の場合のボイルの法則と等圧変化の場合のシャルルの法則から，ボイル・シャルルの法則を導く場合など，2 変数の関数を調べる場合の基本的な考え方であり，偏微分の考えにもつながるものである．

余　談　2.

$\boldsymbol{R}\to\boldsymbol{R}$ の関数 f で，$f(x+y)=f(x)+f(y)$ ではあるが，$f(x)=kx$ とはならない例が，次のようにしてツォルンの補題（細井勉著『集合・論理』，本シリーズ基礎編6 p.165〜166参照）によって構成できる．これは，畏友柴田敏男教授の教示によるところを少し改めたものである．

1）f が $\boldsymbol{Q}$（有理数の集合）$\to\boldsymbol{R}$（実数の集合）で，$f(x+y)=f(x)+f(y)$ であれば，$f(x)=f(1)x$ であることは本文と同じように証明できる．そこで $f(1)=1$ であるような $f(x)$ について考え，その定義域を実数全体へ拡張していく．そこで，$\boldsymbol{Q}\subset E\subset\boldsymbol{R}$ であるような $\boldsymbol{Q}$ 加群 E（すなわち，E の任意の2元の和も，任意の元と任意の有理数との積もともに E に属するような集合）をとり，$E\to\boldsymbol{R}$ の関数 φ で $\varphi(x+y)=\varphi(x)+\varphi(y)$，で $\boldsymbol{Q}$ 上では $\varphi(x)=x$ となるものが存在するとき，E と φ とを組みとして $(E,\ \varphi)$ と書き，加法対とよぶことにする．上記の $(\boldsymbol{Q},\ f)$ は一つの加法対である．

2）以下，$(\boldsymbol{Q},\ f)$ から出発して，次々にと少し広い加法対を作っていく．

$\boldsymbol{Q}$ に属しない $\boldsymbol{R}$ の元，たとえば $\sqrt{2}$ をとり，$Q(\sqrt{2})=\{p+q\sqrt{2}\ ;\ p\in\boldsymbol{Q},\ q\in\boldsymbol{Q}\}$ とすると $\boldsymbol{Q}(\sqrt{2})$ は $\boldsymbol{Q}$ 加群である．そこで，$Q(\sqrt{2})$ の元 $p+q\sqrt{2}$ に対し $f_1(p+q\sqrt{2})=f(p)=p$ と定義すると，$Q(\sqrt{2})$ の元 x，y に対して，$f_1(x+y)=f_1(x)+f_1(y)$ かつ Q 上では $f_1(x)=x$ であることはすぐ確かめられる．よって $(\boldsymbol{Q}\sqrt{2},\ f_1)$ は加法対である．

一般に $(E_0,\ f_0)$ を加法対とし，$E_0\subsetneqq R$ とする．

すると，$\alpha\in\boldsymbol{R}$ で $\alpha\notin E_0$ となる α が存在するから

$E=\{x+q\alpha\ ;\ x\in E_0,\ q\in Q\}$ とすれば，E は $\boldsymbol{Q}$ 加群で，$E_0\subsetneqq E$ である．（なぜなら，$x+q\alpha\in E_0$ であれば，$((x+q\alpha)-x)/q=\alpha$ で E_0 は Q 加群であるから α も E_0 の元となる．これは α の取り方に反する．）

また $x+q\alpha=0$ で $q\neq0$ とすると，$\alpha=-x/q$ となり，$\alpha\in E_0$ となるから，$x+q\alpha=0$ なら $q=0$，したがって，$x=0$ となる．これは，E の元を E_0 の元と α の有理数倍との和で表わす表わし方が一通りしかないことを示す．

$\boldsymbol{L}=\{(E_\lambda,\ f_\lambda),\ \lambda\in\Lambda\}$ ただし Λ は添字集合，$(E_\lambda,\ f_\lambda)$ は上のようにして作られた加法対とする．

$F=\bigcup_{\lambda} E_\lambda$ とすると，F は $\boldsymbol{Q}$ 加群である．なぜなら，$x\epsilon F$，$y\epsilon F$ とすれば，適当な λ，μ が存在して，$x\epsilon E_\lambda$，$y\epsilon E_\mu$．$\boldsymbol{L}$ は線形だから，$E_\lambda\supset E_\mu$（または $E_\mu\supset E_\lambda$）となる．すなわち $x\epsilon E_\lambda$，$y\epsilon E_\lambda$ としてよい．

E_λ は Q 加群だから $x+y\epsilon E_\lambda$, ゆえに $x+y\epsilon F$．同様に x と有理数との積も F に属する．この F の任意の元を x とすると，適当な λ が定って $x\epsilon E_\lambda$ となる．そこで，$f(x)$ を $f_\lambda(x)$ で定義する．Q 上では明らかに $f(x)=x$ である．また，$x\epsilon F$，$y\epsilon F$ を任意にとるとき, 上記のように適当な添数 λ が定まって $x_\lambda\epsilon E_\lambda$, $y_\lambda\epsilon E_\lambda$ となり，$f(x+y)=f_\lambda(x+y)=f_\lambda(x)+f_\lambda(y)=f(x)+f(y)$ である．ゆえに，$(F,\ f)$ は $\boldsymbol{L}$ の上限である．いいかえると，$\boldsymbol{E}$ は帰納的である．したがって，ツォルンの補題により $\boldsymbol{E}$ には極大元がある．この極大元を $(M,\ \mu)$ とする．

$M=R$ である．なぜなら $M\neq\boldsymbol{R}$ とすれば，$\boldsymbol{R}$ の元で，M に属さないものがあり，これによって，$(M,\ \mu)$ を拡大することができるが，このことは $(M,\ \mu)$ が極大元であるという仮定に反する．

ところで，これまでの構成から，どの段階においても $f(x)$ の値は，有理数であった．したがって x が無理数であるときは $f(x)\neq x$ で，したがって $\mu(x)\neq x$ である．$x\epsilon Q$ のときの等式 $\mu(x)=x$ は，R の全体にはあてはまらない．すなわち，$f(x+y)=f(x)+f(y)$ を満たす関数で $f(x)=kx$ とならないものが存在する．

関数のグラフ

背　景

関数を数学教育の中で重視する理由の一つは，これが現実の世界に数学を応用していくときの重要な鍵となる概念であるからである．われわれが制御したいが，直接には接近しにくい事象があるとき，この事象が，接近可能で，制御しやすい事象のいくつかによって定まってくることがわかれば，そのむずかしい方の事象も制御できる．このときの依存関係を記述するものが関数である．それゆえ，数学を応用する能力を伸ばすという目標の中には，関数の考えを用いることが含まれており，関数の考えを用いるというのは，次のような発問を自分に問いかける発想の傾向と，その問に答えるのに役立つ方略を身につけることであるといえよう．

すなわち，新しい問題に当面して，

1.　これは，いったい何と何が決まれば決まるのか．

2.　(1.の何が同定できたとき) それは，どんなふうに決まるのか．

3.　必要とする結果を得るには，もとの方をどう決めたらよいか．

1.の問に答えるには，当面している事象についての知識が必要である．これは，事象が数学外のものである場合は，数学の知識でなく，当該事象についての科学の知識である．この知識から，独立変数の同定が行われる．

2.について有力な手法は，データを組織的に収集して配列することである．ここに実験が登場する．組織的にということでは，次の手段がよく採用される．

a.　複数の独立変数の場合に，一つを除いて他を一定に保ち，一変数の関数として調べ，これを次々に繰り返してから綜合する．

b.　独立変数の値は，小から大へ，あるいは大から小へと，規則的に配列する．また，結果をグラフ化する．

この配列に，数学で学んだ典型的な関数のパターンをあてはめてみる．その配列をグラフ化するというのは，離散的な変数を問題にしているのでない限り，何らかの形で連続関数を想定することである．このあてはめは帰納的な過程であり，“簡単な仮定で説明できるものに，余計に複雑な仮定はもちこまない”というオッカムの剃刀という原理を用いている*．たとえば，x の値が，1，2，3，4であるとき，y の値が 2，4，6，8 であったとする．数学的には，この対応を満たすような x の連続関数は無数にあって，たとえば $f(x)$ を任意の連続関数とすれば $y=2x+(x-1)(x-2)(x-3)(x-4)f(x)$ はみなこの条件を満たす．しかし，数学的にいって最も簡単なパターンは $y=2x$ である．問題解決に当っては，この最も簡単なものを採用して，それでは困ることが起こるまで，これをもとにしていく．

それゆえ，2.の段階では，グラフのイメージを含めた典型的な関数のパターンを，その人の得意なレパートリとして持っている必要があり，関数の想定は，レパートリの適用，レパートリの組合せの適用，レパートリからの変形，類比による新型の創造という形で行われる．学校での教育の重点は，レパートリを豊かにすること，レパートリを活用する手法を会得させることにあるといってよい．以下の問題は，この観点から，従来あまり教科書などであげられていなかった面を問題としたものである．

3.については，方程式を解くことという形で，これまでも問題にされてきたので，ここではそれ以上に触れないでおく．

課　題

① 高校までの段階でふつうに学ぶ関数を，一応基本の関数と，その基本関数を組合せて作られる関数とに分けると，基本関数としてはどんなものがあげられ，それらから新しい関数を組立てる手順としてはどんなものがあげられるか．

② 基本的な関数の導関数は直接定義から導くとして，基本的な関数の導関数を知って，それらから組立てられる関数の導関数を導くには，1. で考えた手順に従って導関数を導く公式を作っておくと，いちいち定義に戻ることなく，導関数が計算できて便利である．この見地から，どんな公式が考えられるか．

③ 四捨五入，切り捨て，切り上げなどの端数処理の方法は，無限小数で表

* オッカム（William of Ockham）14 世紀のイギリスの哲学者．オッカムは生れた土地の名．

わされた実数を有限小数に対応させる関数であると考えられる．これについて次の問に答えよ．

（1） 負の数の四捨五入はどう定義したらよいか．また切り捨て，切り上げについてはどう定義するか．

（2） この一連の関数の中で，数学の理論の中でもよく用いられるのは，実数xに対して，xを超えない最大の整数を対応させる関数で，$[x]$で表わすのが習慣である．これを**ガウスの記号**という．これは，実数xが正の場合，その小数才1位以下を切り捨てた関数にほかならない．[ ] を用いて，小数才1位以下の切り上げと四捨五入を表わせ．

（3） [ ] を用いて，小数才2位以下の切り捨て，切り上げ，四捨五入を表わせ．また100未満の切り捨て，切り上げ，四捨五入を表わせ．

④ 関数のグラフをxy平面上に書くとき，軸を平行移動したり，軸上の単位の長さや向きを変えたりすれば，グラフが一致する場合には，そのグラフが表わす関数関係は本質的には同じものとみなされ，これによって関数の間に一種の同値関係が導入される．

（1） 一次関数，二次関数の同値類は一つであることを確かめよ．

（2） xの三次関数の同値類の代表を求めよ．

（3） xの四次関数には，どれだけの同値類があるか．

（4） 指数関数，対数関数，サイン関数はどれだけの同値類からなるか．

⑤ 周期関数は，すべてのxに対して，あるpが存在して$f(x+p)=f(x)$となることとして定義され，このpは，周期と呼ばれる．これは，$f(x)$のグラフについていえば，グラフはx軸方向のpだけの平行移動で自分自身に重なるということである．次の場合に，fは周期関数といえるか．またその等式はグラフの形についてどんなことを意味するか．

（1） $f(x+p)=-f(x)$ （2） $f(x+p)=1-f(x)$

解　説

① 何を基本とするかは，一通りには決まらない．むしろ組合せ方の方から先に列挙してみる．

f，gを二つの関数とするとき，$f+g$，$f-g$，$f\times g$，$\dfrac{f}{g}$は新しい関数である．

実は，中学校・高校の段階での文字式の四則は，この考えで定義されているといってよい（20ページで述べたように整式を整式で割って，整式の商と余りを求める計算だけが，この線から外れる．これだけが高校で別に扱われる理由がここにある）．一つの関数fを基にした操作ではf^n，$-f$，$|f|$がある．fからその逆関数f^{-1}に移るのも，新しいものを作る基本操作であるが，この場合には，定義域の制限が必要になる．これによって，新しく$f^{\frac{1}{n}}$（nは自然数）が生まれてくる．基本関数として，定値関数（$f(x)=a$，aは定数）と，恒等関数（$f(x)=x$）を採用すれば，代数式で表わされる関数は，すべて上の操作で生成できる．関数f，gからxに$f(g(x))$を対応させる関数の合成$f\circ g$も基本操作である．高校では，基本の関数として新たに，指数関数，対数関数，三角関数が加わるが，その中でも基本的なものは，指数関数と，サイン関数で，他は，それらから導かれる．微積分を学ぶようになれば，ある関数からその導関数や原始関数を考える操作を学ぶことになり，これらがリストに加わる．その背景には，極限をとるという操作があるが，これを関数についての一般的な操作として扱うことまではやっていない（無限級数は，等比の場合だけ）．

② 教科書にある導関数の公式を参照せよ．

③ （1）小数才1位を四捨五入する場合について考える．xが負でない範囲でのこの四捨五入を$f_0(x)$としておいて，$f_0(x)$のグラフを書くと，図1の才一象限の部分になる．xが負の場合どう考えるかには，2通りあろう．xの絶対値

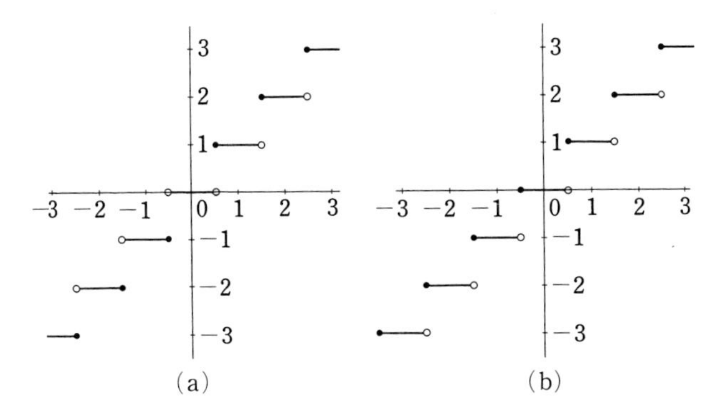

図1　四捨五入
○はグラフから除かれた点　●はグラフ上の点

をとって，これを四捨五入し，すなわち $f_0(-x)$ をとり，これに負の符号をつけるのと，$f_0(-x)$より 1 小さい数をとり，負の符号をつけるのとである．前者を(a)とし，後者を(b)とすると，(a)を採用した場合のグラフは図 1 の(a)で，(b)を採用した場合は図 1 の(b)である．(a)のグラフは原点に関して対称であり，(b)のグラフは，黒点，白点が一直線に並び，$y=x$ の方向の平行移動で自分自身に重なる．(b)では，全体の関数を $f(x)$ とするとき $f(x)-\frac{1}{2}\leqq x<f(x)+\frac{1}{2}$ が x の正負にかかわらず成り立つが，(a)では，$x>0$ の場合と $x<0$ の場合で≦と＜とが入れ替わる．数学的な扱いは(b)の方が簡単である．切り捨て，切り上げについても，図 2，図 3 の(b)のようにグラフが平行移動に関して不変な方を選ぶ方が式による扱いは簡単になる．

(2) $[x]$ は(1)で負の数の範囲まで拡張した小数才 1 位の切捨て関数にほかならない．図 1 の四捨五入の(b)と，図 2 の切り捨ての(b)とを同じ座標軸の上に重ねてみると，一方を x 軸の方に $\frac{1}{2}$ 平行移動してみれば，他方に重なることがわかる．四捨五入は $[x+0.5]$ と表わせる．切り上げは同じようにグラフを重ねて考えれば，$-[-x]$ となる．

(3) 10^n 倍で，小数才 1 位の処理の問題に直し，10^{-n} 倍してもとの位に戻せばよい．すなわち，小数才 2 位以下の場合は，順に $0.1[10x]$，$0.1[10x+0.5]$，$-0.1[-10x]$，100 未満の場合も 100 と 0.01 が入れ替って式にでてくる

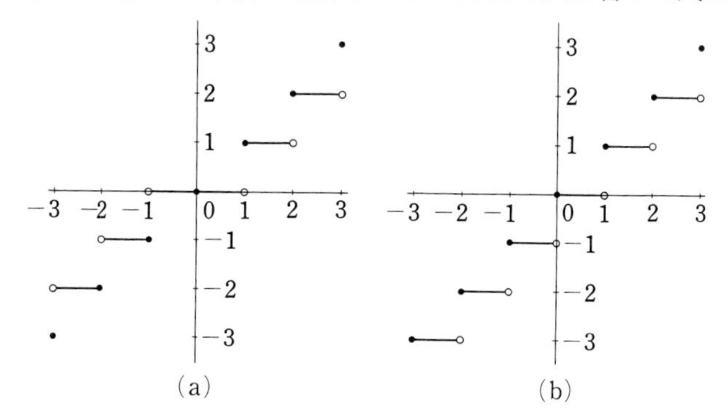

図 2 切り捨て
○はグラフから除かれた点　●はグラフ上の点

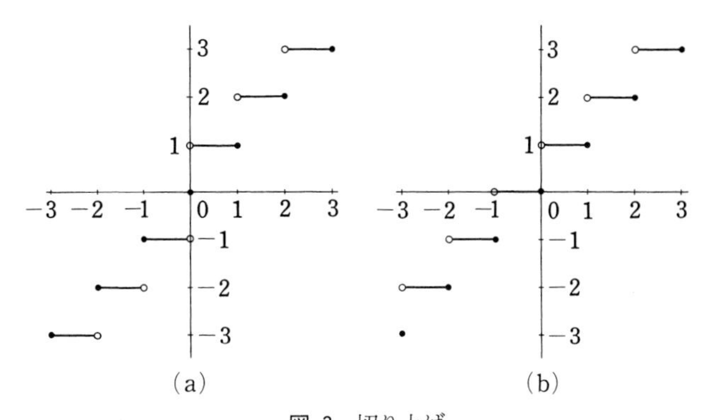

図 3　切り上げ
○はグラフから除かれた点　●はグラフ上の点

だけでまったく同様である．

④ （1） $y=ax+b$ は $y-b=ax$ 　となるから，$Y=y-b$，$X=ax$ とすれば，$Y=X$ となり，これらの変換は x 軸の y 方向への平行移動と，x 軸の目盛替えである．$y=ax^2+bx+c$ は $y=a\left(x+\frac{b}{2a}\right)^2-\frac{b^2-4ac}{4a}$ として，y 軸，x 軸の移動，新 x 軸の目盛替えを考えればよい．

（2） x の三次関数の一般形は $y=ax^3+bx^2+cx+d$ であるが，まず，y 軸の移動で b は0にできる．次に x 軸を移動すれば d も0と考えてよい．そして y 軸の目盛替えを行えば　$y=x^3+px$ の形にもっていける．ここで $x=kX$ とすると $y=k^3X^3+pkX$ となるから

$p>0$ のときは，$k=\sqrt{p}$ にとり，$y/p\sqrt{p}=Y$ とすれば，$Y=X^3+X$ となり，

$p<0$ のときは，$k=\sqrt{|p|}$ とすれば $Y=X^3-X$ となる．

したがって，三次関数の基本形は $y=x^3+x$, $y=x^3$, $y=x^3-x$ の3通りである．

（3） 四次関数について考えていくと，三次の係数，定数項は0に，四次の係数は1に，二次の係数は $1, -1, 0$ にでき，$y=x^4+x^2+px$, $y=x^4-x^2+px$, $y=x^4+x$，$y=x^4$ のいずれかの形になる．助変数 p を軸の移動や目盛のつけ替えでなくすことはできない．したがって，種類の数は無限である．

（4） 指数関数の一般形は，$y=a^x$ ($a>0$ かつ $a\neq1$) であるが，$a^x=(e^{\log a})^x=e^{x\log a}$ であるから，$y=a^x$ のグラフは，x 軸の目盛をつけ替えれば $y=e^x$ のグラフになり，同一の型になる．指数関数は一つの形しかない．

対数関数は，その逆関数だから，これも一つの種類しかないとすぐわかる．直接には $\log_a x=\dfrac{\log x}{\log a}$ の関係を用いれば，$y=\log_a x$ のグラフの目盛をつけ替えれば，$y=\log x$ のグラフになることからわかる．

サイン関数という語は，x をラジアンとしたときの $\sin x$ を意味するのがふつうである．角を度で測って，その測度にその角のサインを対応させる場合は $\sin x^\circ$ と示した方がよい．そうすると $\sin x$，$\sin x^\circ$，$\sin x'$ は，同じ x に対しても，それぞれ異なる値を示す．しかし，$\sin x^\circ=\sin\dfrac{\pi x}{180}$，$\sin x'=\sin\dfrac{\pi x}{10800}$ で，x 軸の目盛をつけ替えれば，$y=\sin x$ と一致する．サイン関数をもっと広義にとり，$y=A\sin(\omega x+\beta)$ としても，軸の目盛のつけ替えだけで $y=\sin x$ のグラフと一致する．サイン曲線という語は，実際には，これらのグラフの形の名として用いられることが多いようだ（x 軸との交点における接線の傾きが，1(または−1）であるものに限らない)．

⑤　グラフについて等式の意味するところを考える．

(1)は，グラフが，x 軸について p だけ右に動かしてから x 軸について対称に移すと重なること，(2)では，同じような移動が，$y=\dfrac{1}{2}$ という直線について行われることを意味する．この移動（すべり対称）は2回つづけると軸方向の平行移動になる．すなわち $f(x+2p)$ について考えるとよい．

一般に，$g(g(x))=x$ であるとき，$f(x+p)=g(f(x))$ であれば，$2p$ が $f(x)$ の周期となる．(1)の実例は $f(x)=\sin x$，$p=\pi$ であり，(2)の実例は $f(x)=\sin x+\dfrac{1}{2}$，$p=\pi$ である．

演　習

1．本文では切り捨て関数 $[x]$ を基に四捨五入や切り上げを考えたが，ここでは逆の方向を問としよう．

(1)　$S(x)$ を x の小数ォ1位を四捨五入する関数とする．S を基にして，切り捨て，切り上げを考えよ．

(2)　$K(x)$ を x の小数ォ1位を切り上げる関数とする．K を基にして，四捨五入，切り捨てを考えよ．

2.　指数曲線 $y=a^x$ $(a>0,\ a\neq 1)$ 上の点から，y 軸に下した垂線を定比に分ける点は，別の指数曲線上にあることを証明せよ．

3.　対数曲線 $y=\log_a x$ $(a>0,\ a\neq 1)$ 上の点から，y 軸に下した垂線を定比に分ける点の軌跡は，もとの対数曲線とどんな関係にあるか．

4.（1）　同じ座標平面上に書いた二つの二次関数のグラフは，互いに相似であることを証明せよ．

（2）　同じ座標平面上に書いた $y=a^x$ $(a>1)$ のグラフと，$y=b^x$ $(b>1)$ のグラフは，相似であって，しかも相似の位置にある．相似の中心と相似比を求めよ．

5.　$y=\sin x$ のグラフは，無限の点 $(n\pi,\ 0)$（n は整数）が全体の点対称の中心になっているし，無限の直線 $x=\dfrac{\pi}{2}+n\pi$ が線対称の軸になっている．これを念頭において，次の問に答えよ．

（1）　一つの図形に点対称の中心が少なくとも二つあれば，その図形には，一直線上に等間隔に並んだ無数の点対称の中心があることを示せ．

（2）　一つの図形に線対称の軸が少なくとも二つあるとき，これから（1）と同様，線対称の軸が無数にあるといえるか．

（3）　一つの図形に線対称の軸が一つあり，また点対称の中心が一つあるとき，この図形には対称の軸や中心が無数にあるといえるか．

余　談

演習の 2. は，教室で $y=2^x$ のグラフを丁寧に書かせたあと，これを基にして $y=10^x$ のグラフを書かせる場合に利用できる．また演習の 3. は，$y=\log x$ のグラフが書いてある平面を空間の中で y 軸を軸として回転して，ある角度だけ原平面に対して傾け，それから新平面上の曲線を原平面に正射影すると（y 軸に垂直であれば平行投影でもよい），その正射影はもとの曲線と合同であることを示す．正射影がもとの図形と合同であるからといって，射影される図形がのっている平面と，射影する平面とが平行であるとはいえない例になる．この性質は指数曲線（図形としては対数曲線と変りはない）でも同じである．

関数方程式

背景

数学の理論は，ある対象の記述から構成へ，構成から記述へという二つの方向のないまぜで作られるといわれている(たとえば，ヤグロム著シールド訳，『幾何学的変換 I』*，p. 69 参照)．ここに記述というのは，これこれの性質をもっているという述べ方で，構成というのは，既知のことから実行可能な既知の手順を経て作ることをさす．

文章題の問題で，変数を用いて条件を等式，不等式に表わすのは記述の例で，これを解いて，解を既知の計算で求める式を導いたり，実際に数値で示したりするのは構成である．

方程式を解くことは，解の集合を求めることである．だからといって，

$x^2-5x+6=0$ を解けといわれて，「答えは $\{x : x^2-5x+6=0\}$ である」と答えても解いたことにならない．それは，この表示が集合の記述であって，この段階では，集合の構成にはなっていないからである．

方程式を解くという語には，解を構成的に示せという意味が含まれている．どんな手順が構成という名に値するかは，理論の段階で異なるが．

中学・高校の段階では，関数は，多くは構成的な形で導入される．そして，その主要な性質を学んでいくが，その性質が記述的なものといえるかどうかはあまり問題にしない．例外は一次関数のグラフの性質で，そこでは，グラフが直線になるような関数は一次関数であるということが学ばれ，実験結果から，その背後にある関数関係を推定する場合の根拠になる．われわれが経験的な事象の中から関数を想定するのは，事象の示すパターンを見出し，そんなパターンを性質としてもつ関数を，われわれの持っているレパートリの中から探し出すのである．ここでは，記述から構成の過程をとることになる．

---

* Yaglom. (Tr. by Shields), Geometric Transformations I, New Mathematical Library, Rondom House, 1962.

関数の記述としては，微分方程式，積分方程式，差分方程式などの形になることが多い．ここでは，それ以前の扱いで可能な，関数の記述的な把え方を問題にしよう．

この場合，関数の連続性（有理数で成り立つ等式を実数での等式に拡張すること）は全体として仮定しておく．

問題の解答に当って，連続だけの仮定でむずかしければ，微分可能の仮定を用いてもよい．

課　題

① $\boldsymbol{R} \to \boldsymbol{R}$ の連続関数 f について，次のそれぞれの等式が成り立つとき，f はどんな関数か，（$\boldsymbol{R}$ は実数の集合）

（1） $f(x+y)=f(x)+f(y)+a$　ただし a は定数

（2） $f(x+y)+f(x-y)=2(f(x)+f(y))$

（3） $f(x+y)=f(x)f(y)$

（4） $f(xy)=f(x)+f(y)$

② サイン，コサインの加法定理は，サイン，コサインを定義するのに十分な性質といえるか．

解　説

① まず $f(x)$ の形の見当をつけるため，$f(0)$，$f(1)$，$f(2)$，$f(3)$，…の値が与式から決まらないか，$f(-x)$ と $f(x)$ とはどんな関係になるかなどを探ってみるとよい．

このような試行から，（1）では等差数列，（2）では2乗数列，（3）では等比数列が示唆されるであろう．それから x の定義域を自然数→整数→有理数→実数と拡げていくか，何とかして既知の関数方程式に帰着させるかを考えればよい．

（1）では，$F(x)=f(x)-f(0)$ とすれば，$F(x+y)=F(x)+F(y)$ となり，比例の項で考えたように，$F(x)=kx$，したがって $f(x)=kx-a$ が得られる．

（2）では，$f(0)=0$，$f(-x)=f(x)$ が与式で $y=0$，$x=0$ とおくことから得られ，また n を自然数とするとき，$f(nx)=n^2f(x)$ が数学的帰納法を用いて証明される．これより m，n を整数とするとき $f\left(\frac{n}{m}\right)=\frac{n^2}{m^2}f(1)$ が導かれる．したがってfの連続性により $f(x)=x^2f(1)$ となり，$f(x)=kx^2$ が得られる．

（3）では，$y=0$ とすると $f(x)=f(x)f(0)$ となる．$f(x)$ が恒等的に 0 でなければ，これから $f(0)=1$ となる．また，ある x_0 に対し，$f(x_0)=0$ とすると，x に対して $x=x_0+y_0$ となる y_0 が求まるから $f(x)=f(x_0+y_0)=f(x_0)f(y_0)=0$ となり，$f(x)$ は恒等的に 0 となる．この関数も与えられた方程式の解の一つである．以下これ以外の関数を考える．$x=y$ とすると $f(2x)=f(x)^2$ で $f(x)$ は 0 とはならないから $f(x)$ はつねに正である．そこで $f(1)=a$ とおくと，n を自然数として $f(2)=a^2$，…，$f(n)=a^n$，…が得られ，また $f\left(\dfrac{1}{n}\right)=a^{\frac{1}{n}}$ が得られる．これと $f(-x)=1/f(x)$ とから，$f\left(\dfrac{n}{m}\right)=a^{\frac{n}{m}}$ (m，n は整数) が得られ，連続性から $f(x)=a^x$ となる．この後半の段階で，$f(x)>0$ より $F(x)=\log f(x)$ とおいて $F(x+y)=F(x)+F(y)$ を導き，これから $F(x)=kx$ として，同じ結果を導いてもよい．

（4）は（3）の方程式をある意味で逆に考えたものとみられる．それで f^{-1} が存在するものとすれば $\xi=f(x)$，$\eta=f(y)$ とおくとき $x=f^{-1}(\xi)$，$y=f^{-1}(\eta)$ となり，$f(f^{-1}(\xi)f^{-1}(\eta))=\xi+\eta$，すなわち $f^{-1}(\xi)f^{-1}(\eta)=f^{-1}(\xi+\eta)$ が得られ，f^{-1} は（3）の解である．これから $f(x)=\log_a x$ が得られる．しかし逆関数の存在は，本当だろうか．

まず x の値を 0 としてみると $f(0)=f(0)+f(y)$ となり，$f(x)$ は恒等的に 0 となる．これを除くには，f の定義域からは 0 を除かなくてはならない．$f(x)$ と $f(-x)$ の関係はどうか．$x\times x=(-x)\times(-x)$ であるから $f(x^2)=f((-x)^2)$ で，$f(x)+f(x)=f(-x)+f(-x)$ となり，$f(x)=f(-x)$ が得られ，f は偶関数となる．そこで $x>0$ の範囲だけ考える．与式で $x=1$ とおくと $f(1)=0$ が得られる．また，n を自然数とするとき $f(x^n)=nf(x)$ が得られるし，$x>0$ であるから $x^{\frac{1}{n}}$ を考えることができ，$f((x^{\frac{1}{n}})^n)=nf(x^{\frac{1}{n}})$ より $f(x^{\frac{1}{n}})=\dfrac{1}{n}f(x)$ が得られる．さらに，$0=f\left(x\times\dfrac{1}{x}\right)=f(x)+f\left(\dfrac{1}{x}\right)$ より，$f\left(\dfrac{1}{x}\right)=-f(x)$ となり，m，n を整数として，$f(x^{\frac{n}{m}})=\dfrac{n}{m}f(x)$ が得られる．ここまでくれば，逆関数の

存在は考える必要はあるまい．x の値として，自然対数の底 e（e でなくともよいが）を考え，$\dfrac{n}{m}$ の方を変数 t で表わせば，有理数 t について $f(e^t)=tf(e)$ が得られる．そこで $z=e^t$ とおけば，$f(z)=\log z\, f(e)$ となる．

したがって，適当な底 a をとれば $f(x)=\log_a x$ となる．x を正負にわたって考えたときは，$f(x)$ は偶関数であるから，$f(x)=\log_a|x|$ となる．

微分法を用いれば，上記の筋道はずっと簡単になる．

(1)では x で微分して，$f'(x+y)=f'(x)$，$x=0$ とすれば $f'(y)=f'(0)$（定数となる），これから積分して $f(x)$ が求まる．

(2)では，$x=y$ とおいて，x で微分すれば，「比例」の演習2に帰着する．

(3)では x で微分してから $x=0$ とおけば $f'(y)=f'(0)f(y)$ となり，これを解いて $f(y)=e^{f'(0)y}$ を得る．

(4)でも同様である．各自に試みられたい．

② サインを f，コサインを g として加法定理を表わすと

$$f(x+y)=f(x)g(y)+f(y)g(x) \tag{1}$$

$$g(x+y)=g(x)g(y)-f(x)f(y) \tag{2}$$

となる．これを f，g の関数方程式と考えるとき，その解としてサイン，コサイン関数が得られるか，という課題である．答えは否である．(1)，(2)をそれぞれ2乗して加えると，

$$f^2(x+y)+g^2(x+y)=f^2(x)g^2(y)+f^2(y)g^2(x)+g^2(x)g^2(y)$$
$$+f^2(x)f^2(y)=(f^2(x)+g^2(x))(f^2(y)+g^2(y))$$

が得られる．そこで，$F(x)=f^2(x)+g^2(x)$ とおけば，上の関係は $F(x+y)=F(x)F(y)$ となり課題①の(3)と同じになる．それゆえ $F(x)=e^{2ax}$ となる．

$f_1(x)=e^{-ax}f(x)$，$g_1(x)=e^{-ax}g(x)$ とおけば

$$f_1(x+y)=f_1(x)g_1(y)+f_1(y)g_1(x) \tag{1$'$}$$

$$g_1(x+y)=g_1(x)g_1(y)-f_1(x)f_1(y) \tag{2$'$}$$

となり，かつ

$$f_1{}^2(x)+g_1{}^2(x)=1 \tag{3}$$

となる．そこで，

$$f_1(x)=\sin\varphi(x),\quad g_1(x)=\cos\varphi(x) \tag{4}$$

とおくことができ，$\varphi(x)$ も x の連続関数になる．

すると，これを（1），（2）に代入すれば，

$$\sin\varphi(x+y)=\sin\{\varphi(x)+\varphi(y)\}$$
$$\cos\varphi(x+y)=\cos\{\varphi(x)+\varphi(y)\}$$

となって，これから

$$\varphi(x+y)=\varphi(x)+\varphi(y)+2n\pi$$

が得られる．これから，$\varphi(x)=bx-2n\pi$ となり，（4）に代入して，

$$f_1(x)=\sin bx,\ g_1(x)=\cos bx$$

を得る．したがって，

$$f(x)=e^{ax}\sin bx,\ g(x)=e^{ax}\cos bx$$

となる．

上記の議論で，もう少し突込んで考える必要のあるのは，（4）のところである．この $\varphi(x)$ は，座標平面上で，$(f_1(x),\ g_1(x))$ となる点Pをとったときの $\angle$XOP であるが，その値は 2π を法としてしか決まらない．しかし，点 $\mathrm{A}(f(0),\ g(0))$ に対して 0 を対応させ，$x\to\varphi(x)$ が連続になるよう $\varphi(x)$ の値を選んでいくことは可能である．

余　談

課題①の（1）は一次関数，（2）は2乗に比例，（3）は指数関数，（4）は対数関数を特徴づけ，課題②で加法定理に，2乗和が1という条件を付加したものはサイン関数とコサイン関数を特徴づける．したがって，これらの関数のその他の性質は，すべて，これらの等式から導かれるものである（（3）と課題②では，関数が恒等的に0でないということを付加しなければならないが）．

また，課題①の（2）は，平面幾何での中線定理（特にこれをベクトルで表わしたときの）と同じ形である．

演　習

1.　一次関数のグラフは直線であるから，x 軸上に AB＝BC となる3点 A，B，C をこの順にとり，これらの点で引いた垂線を図のように AA′，BB′，CC′とすれば，AA′＋CC′＝2 BB′である．

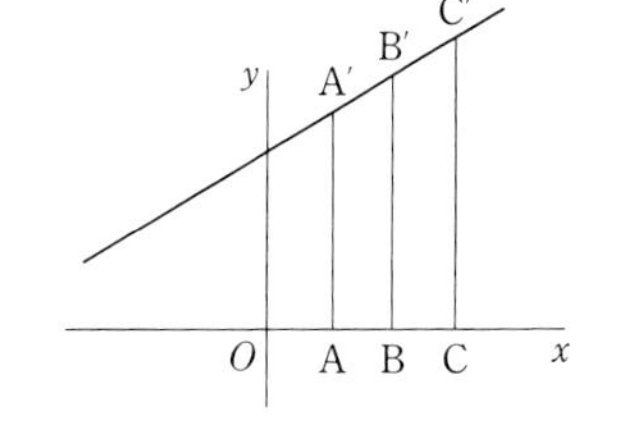

図 1

すなわち

$$f(x-y)+f(x+y)=2f(x)$$

逆にこの等式から $f(x)$ が x の一次式であることを導け．

2．実数 x の関数 f について

$$f(tx+(1-t)y)=tf(x)+(1-t)f(y)$$

が，すべての x，y について成り立つものとする．

（1）t も変数であるとすると，どう解いたらよいか．

（2）t はある与えられた定数であるとき，どう解いたらよいか．

3．課題②で微分法を用いると

$$f'(x+y)=f'(x)g(y)+g'(x)f(y)$$

$$g'(x+y)=g'(x)g(y)-f'(x)f(y)$$

となる．この式で $y=0$ とおくと，f, g についての連立線形一次の微分方程式が得られる．これを解いて，同じ結果が導かれることを示せ．

4．$\cos x$ については，次の等式が成り立つ．

$$\cos(x+y)+\cos(x-y)=2\cos x\cos y$$

逆に，これを $f(x+y)+f(x-y)=2f(x)f(y)$ という関数方程式と考えた場合，これからコサインが導けるか，微分法を利用して考えよ．

5．$\tan x$ について 4. と同様の考察を試みよ．

数学的モデル

背　景

現実の問題を数学的に考えるには，必ず単純化，理想化，抽象化して，現実についての条件を知って数学のわくの中の命題に翻訳しなければならない．客が5人来るといって用意するときは，客の一人一人の個性は一応無視して必要なものの数量をそろえる．これは単純化の例である．東京と北京の間の距離を考えるとき，まず地球の表面を球面と考えるのは，理想化であり，楕円面よりまず球面と考えるのは単純化である．そして，東京，北京を球面上の2点と考え，航路を球面上の曲線とみなすのは，一つの抽象化である．

このようにして，翻訳された命題群が見込みのあるものかどうかは，それが数学として何かの意味の決定可能性をもつか否かによる．もつときは，これを一つのモデルとよび，その過程をモデル化という．新しいモデル化を考えるときには，既知のモデル化の実例がレパートリとして利用される．数学教育で応用問題を取り上げるねらいの一つは，このレパートリを豊かにすることにあるといってよい．

決定可能性が明らかでないときは，補助のもっともらしい仮定を加える．そのためには，ときには，新しい数学を発明しなければならない．ニュートンが微積分を発明して，力学（モデル）を作ったなどは，その大きな例である．

このようにして構成された命題群が仮説であって，一つの公理系をなすものとみなされる．

この公理系の中で，数学の問題として決定可能的であれば，その構成的な解(既知のデータからの既知の手続きによる構成)を数学的に，すなわち演繹的に，求める．

求めた結果を現実と照らしてチェックする．このとき不適合であれば，仮説に戻り，その修正をする．それは仮説から解までの過程は，演繹的な過程で，論理の運びに誤りがなければ，基礎においた仮説のほかに不適合の原因がないからである．こういう推論を可能にするために，数学は，経験的な事実とは無関係に，無定義用語と公理を出発点とする演繹論理で構成されているのである．

既述のように，教育における応用問題の役割の一つは，仮説設定のためのレパートリを豊かにすることにあるのである．しかし，

1．従来ある典型的な応用例では，基礎にある仮説は暗黙裡に認める当然のこととみなし，仮定的なものとは意識されなかった．そのため数学の問題は現実離れしているという感をまぬかれなかった．

小学校で買い物の場面をとって，「1個100円のリンゴを5個買えばいくらか」というような問題を取り上げるときから，社会的に公認された形でのモデルが用いられている．個数と値段が比例するというのは，ある個数までの範囲で成り立つ協定である．100個，200個と買えば，別のモデルが採用され，もっと多くなればさらに，運賃，資本回転率，金利などがからんだモデルが必要になる．

2．新しい場面での応用については，何らかの現実についての知識が必要で，これは数学科の教師にとっては専門外であり，そのため扱いにくいとされてきた．

などのため，こうした面での教育はこれまであまり活発ではなかった．

問題の解答のための背後のある現実についての条件を意識して，その当否をも考えるようにすれば，この種の授業を活性化するのに役立つであろう．なお付言すれば現実世界についての専門的な知識はあまりいらない場面を選ぶ必要がある．そのような場面は，後述のように幾何学的な場面に多いであろう．

課　題

①　次の問題の解き方を比べ，解の背後にある現実についての仮定をあげてみよ．

（1）　ある水槽に水を満たすのに，Aの蛇口では10分，Bの蛇口では15分かかる．A，Bの蛇口をいっしょに開けると何分で水がいっぱいになるか．

（2）　ある仕事を仕上げるのに，Aは10時間，Bは15時間かかる．A，Bがいっしょにこの仕事をすると，何時間で仕上がるか．

（3）　公園の遊歩道コースを競歩のペースで1周するのにAは10分，Bは15分かかる．2人いっしょに歩いたら何分かかるか．

（4）　鉄道の2駅間を全出力で行くのに，Aの機関車は15分，Bの機関車は

10分かかる．二つを連結してともに全出力を出すと，2駅間をいくのに何分かかるか．

② 打ち上げ花火がパッと開くと見事な円形に見える．これを別のところから見たら楕円に見えるのだろうか．

③ ある電車の駅では，電車が入るたびに，電車のドアとホームとの間隔について乗客にアナウンスして注意しているところがある．間隔が一様でないからである．他より広く開いたところができるのはなぜか．その間隔はどんな要因によって決まるのか．

④ 樹木は，もし枯死しなければ，どこまでも大きくなっていくものか．

⑤ 全身を鏡に映すには，鏡のたけはどればけあればよいか．

解　説

① (1)では，蛇口からの流量が一定で，二つの蛇口から出る水は，そのまま加法的に溜っていくという状況を仮定しているが，流量一定の条件は，水道局が水圧が一定になるようもとで制御しているので，大体の場合に妥当する仮定であり，水が加法的に溜っていく条件もそのまま成り立っていると見られる．

ところが，同じ解法が適用される(2)の場合では，作業能率が一定であり，作業成果が加法的に累積されるという条件が必要である．しかし，これらは，(1)ほど一般的には妥当しない．人間の作業能率はむらがあり，仕事の段階によっても異なる．2人がいっしょに作業する場合に，個々人の能率がそのことによって影響される場合(相互作用)もあって，必ずしも加法的にはならない．(2)で仕事算のモデルが適用されるには，作業がある意味で単純なものであることが必要である．しかし，このようなモデルを仕事に適用するのがまったく無意味かといえばそうではない．適当な作業段階の分割によって，このモデルを採用して，計画を立てることはよく行われることである．

(3)では，加法的ということが妥当しない．遅い方に合せるより仕方がない．ところが，(4)では，ある意味で加法が適用される．それは機関車の出力である．言いかえると，速い方が遅い方を引張る形となり，所要時間は両者の中間となる．発進，停止の加速のためのエネルギー，空気抵抗を無視して単純化すれば，瞬間ごとの運動エネルギーが加法的となることから，大まかな解が得られる．速さが，機関車の質量を重みとした速さの2乗平均になる．

(1)〜(4)は，同じように，二つの速さを与えて，いっしょにしたときの速さを求めるものではあるが，現実の事態の数学化のためのとらえどころが異なり，結果がそれに応じて異なることを示すものである．

② 打ち上げ花火の菊（円形に開くもの）の仕かけは，大きな球の中に，小さい球をつめて，大球を火薬で破裂させると，小球が四散するとともに，その中の火薬が点火されて発光するようになっている(百科事典などからの知識)．

発光した後は，自然落下していくものとして，落体のモデルを適応する．鉛直方向を z 軸，水平面を xy 平面，小球の破裂時の初速を v，その方向余弦を $(\cos\alpha,\ \cos\beta,\ \cos\gamma)$，破裂時の位置を $(0,\ 0,\ a_0)$，t 秒後の位置を $(x,\ y,\ z)$ とすれば

$$x=vt\cos\alpha$$

$$y=vt\cos\beta$$

$$z=a_0+vt\cos\gamma-\frac{1}{2}gt^2$$

$$\cos^2\alpha+\cos^2\beta+\cos^2\gamma=1$$

となる．したがって

$$x^2+y^2+\left(z-a_0+\frac{1}{2}gt^2\right)^2=v^2t^2$$

となり，時刻 t には小球は，中心 $\left(0,\ 0,\ a_0-\frac{1}{2}gt^2\right)$，半径 vt の球面上にあることになる．これから，どの方向から見ても円となるはずということがわかる．

③ 間隔がドアによって違っており，ある場合には普通の駅よりずっと広くなるのは，普通の駅では線路もホームも真直ぐであるのに，その駅では線路がカーブしており，それにつれてホームの縁もカーブしているからである．このことは，カーブを円弧，車体を長方形として平面図（図1）を書いてみればすぐわかる．これがこの場合のモデルである．ドアのところの間隔を決める要因は，この図から，車体の全長，端からドアの中心

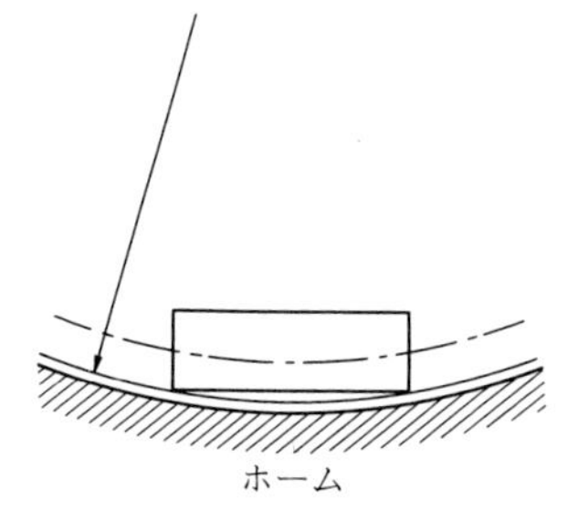

図1　限界の曲率半径
（この図がすでにモデルである）

までの距離，ホームの縁の曲率半径，規則で決められた車体と建造物との間に確保しなければならない安全距離で，これらがわかれば，あとは平面幾何の計算問題である．

④ 木がどんどん大きくなれば，幹にかかる重みも大きくなる．重みは，幹の断面で支える(物理的な知識)．重みは，全体の体積にかかわる．このバランスがいつまでも保てるだろうか．その大きさの関係を数量的にするため，次のような乱暴な仮定をおいてみる．

1. 木の形は相似を保って変らない．
2. 幹が支え得る重み W は，幹の断面積 A に比例する．
3. 木全体の平均密度 ρ は変らない．

木の丈を l とすると，2.，3.から $W=kA$ であり，幹にかかる重みは ρl^3，A は $k'l^2$ で，$W \geqq \rho l^3$ である．このことから $kk'/\rho \geqq l$ となり，l に上限があり，自分の重さのため，やたらに大きくはなれないことを示している．

また，別のアプローチも可能である．木は，表面（葉や根）からエネルギーを吸収し，これを全体の維持と成長に用いていく．成長は，表面の一部で起こる．成長の度合は，成長部分の時間に対する変化率で表わされ，そのためのエネルギーはこの変化率に比例すると仮定する．すると，これは吸収エネルギーから維持エネルギーを引いたものに等しい．相似の仮定をおけば，木の丈を l として，このことから，$dl/dt=kl(a-l)$ の形の微分方程式が得られ，解として

$l=ca/(c+e^{-akt})$ の解を得る．

これは $l<a$ で，$t\to\infty$ なら $l\to a$ であることを示す．木が大きくなると，維持にエネルギーを食われて，成長はしだいににぶり，一定の大きさを超えることはできないことを示し，一般的な観察に合う．

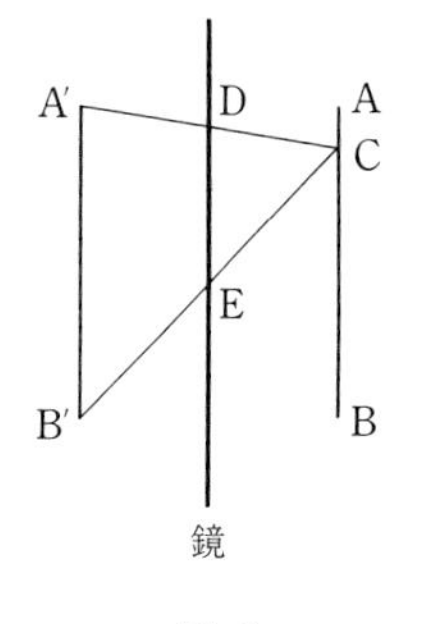

図 2
(この図がすでにモデルである)

⑤ 鏡の像と実物との関係，見えるということの数学的なとらえ方についての知識が必要になる．全身の中心線を含んで鏡の面に垂直な平面で全体を切って，その中で考えることになる．図 2 で頭の頂を A，つま先を B，目の位置を C，A の像を A′，B の像を B′とすれ

ば，A′，B′からの光がCに入れば，A′B′がCから見られることになる．それが可能になるには，CA′，CB′が鏡の線と交わるところをD，Eとすると，D，Eで光を反射していなければならない．DEの長さが求めるものである．この結果を検証するのは比較的容易なことである．

余　談

課題①の(4)，課題②では物理の知識，課題④では生物の知識が必要で，ここに示した考え方は，筆者は，その方面の専門家とは相談することなく書いた．その意味では，基本的な所で考え違いをしているかもしれない．しかし，一応のアプローチにはなっていると思う．ここで一応という語がはいるだけ，こうした問題の解決は，数学の中の問題の解決とは意味が異なる．現実的な問題が現場の教育で，あまり歓迎されてこなかった理由の一つは，このような「解けた」という語の意味の相違にあるのであろう．

一方，課題③や課題⑤では，その意味のずれが少ないように思われる．それは問題が幾何的あるいは幾何光学的であるためと思われる．数学科の授業で採用するものとしては，こういう方が扱いやすいかもしれない．いちばん典型的な例としては，相似や三角法の指導に出てくる測量の問題である．測量のためには，現実の世界の中に，水平面，垂線，直角三角形，三角形，存在しない直線などを想定することが必要で，これがモデル化である．この過程は，従来の扱いでは，問題の中ですでに与えられている形になっていたが，もしモデル化という過程を重視するなら，別の扱いが可能であろう．

演　習

1.　ドアの取手のところには，少しばかり隙間がある．なぜなのだろうか(写真1)．その隙間の大きさは，どのようにして決められるのだろうか．

2.　大型バスのワイパーの動きを観察せよ．どのようなメカニズムで，動いているのか（図3)．

3.　石炭の塊は発火しても徐々に燃えるが，細くくだけて粉状になって空中に浮遊するときは着火すると爆発を起こす．なぜだろうか．

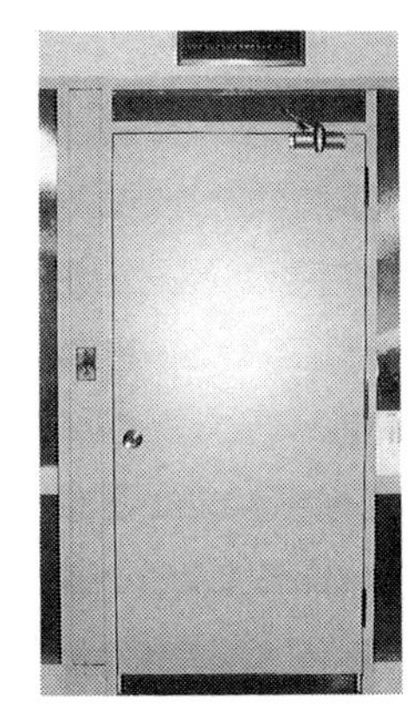

写真 1

4.　ロールペーパーの使い残りの長さを，残っている厚さから推定する公式を作れ．

5．テープレコーダで，巻き取っているテープの輪の外側と，ほどけていくテープの外側との間隔は，どんな具合に変化していくか（写真2）．

6．鏡に顔を映したとき，顔の全面，すなわち両耳の端までが映るためには，どれだけの幅が必要か，まず実験を試み，次いで仮説を設けよ（図4）．

図 3

写真 2

図 4

余　談

課題②の参考として，以下に昭和63年8月12日の朝日新聞（東京版）夕刊にでていた花火についての解説記事を引用しておこう．

「割薬」と「星」でつくる大輪

菊のような花を描く代表的な花火は「割物（わりもの）」と呼ばれる．いろいろな種類があるが，“解剖”してみると，基本的な構造は同じだ．中心部に詰めた「割薬（わりやく）」を爆発させ，周りに並べた「星」と呼ばれる火薬の塊を八方に飛ばして花を描く．星には，様々な色を出すための火薬が配合されている．

最も簡単な構造をした割物は，外側に星を一重に並べてある．「芯（しん）入り」は割薬の中に，「芯星」と呼ばれる小型の星を一層並べてある．花が開くと，大きな菊の中に小さな菊が現れる．

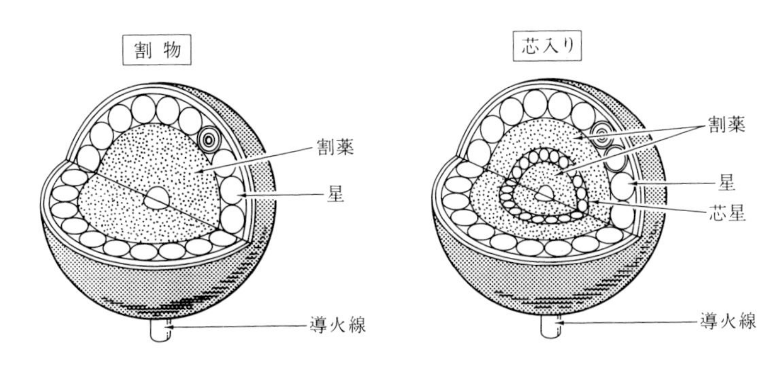

イラスト：丸子博史

近 似 の 考 え

背　景

現実の世界を数学的なモデルで記述していく際に，単純化の一つとして，近似の考えが用いられる．ドライブ旅行の予定の際に，ある区間を定速で走るとして走行時間を計算するのも，空気の抵抗がないとして落下の現象を等加速度運動とするのもその例である．

近似は二つの段階で起こる．一つは数学化する過程の中で，影響の少ないと思われる要因を捨てて，大局的に考えることである．前記の木の成長を相似と考えるのはこの例である．そこからの結果が現実とのズレが大きい場合には，影響が少ないと考えた要因を考えに入れてモデルを修正しなければならない．

もう一つは，一応数学化した後で考える近似である．現実の場合には，関与する変数の変域は，数学的に可能なものよりもずっと限られたものであることが多い．たとえば単振子の場合，振子がゆれる角の範囲は，鉛直方向に対して，あまり大きくない場合がふつうである．また，熱による線膨張係数を長さを l，温度を T として，$\dfrac{1}{l}\dfrac{dl}{dT}$ と定義し，これが T に対して一定値 a であるとしても，a の値も，T の変域も l に比べてあまり大きくないので，$l=l_0e^{aT}$ の代わりに $l=l_0(1+aT)$ を用いる．

このように変数の値の範囲が限られている場合，テーラー展開による近似式を用いることで，より単純化された解が得られ，実際の目的には，その方がかえって有用であることが多い．

$|x|$ が小さい場合によく用いられる近似式として次のようなものがある．

1．$(1+x)^n$ に対して $1+nx$ を用いる．とくに

$$(1+x)^2 \fallingdotseq 1+2x,\quad (1+x)^3 \fallingdotseq 1+3x,\quad \sqrt{1+x} \fallingdotseq 1+\frac{x}{2}$$

とするなど．また複利法に対して，単利法で近似するのもこの例である．

2． $\sin x$，$\tan x$ に対して，x の値を用いる．

課 題

① θ を度を単位とした角の大きさとし，s を単位円周上で中心角 θ に対する弧長とする．s，$\sin\theta$ の値が小数第2位まで一致するのは，θ が何度以下の場合か，s と $\tan\theta$ についてはどうか．

② 5円玉を持って腕をいっぱいに伸ばし，その穴から月を見るとき，満月は，穴から見えるか．

③ 幅が b，厚みが a であるドアで，取手の側に，設けなければならない隙間は $\dfrac{a^2}{2b}$ で計算できることを示せ．

④ 海抜 h m の高さの山の上から海面を見るとき，水平線までの距離は，何キロメートルあるか．

⑤ ＪＲ中央線の東中野・立川間の線路は，ほとんど真直ぐである．線路の間に立って前方を見ると，両側のレールが前方で一点に集まって見える．そこまでの距離はおよそ何程か．

⑥ 熱による線膨張の場合の関係 $l=l_0(l+aT)$ から，体膨張の場合の関係 $V=V_0(1+3aT)$ を導け．ただし l_0，V_0 は温度 0°Cのときの，l，V は温度 T °Cのときの長さと体積を表わす．

解 説

① まず三角関数表を当ってみる．四捨五入して小数第2位まで x ラジアンと $\sin x$ の値が一致するのは 0.30 ラジアン，x と $\tan x$ では 0.24 ラジアンである．これを度になおすと，それぞれ 17.2°，13.8°となる．

表によらずに求めようとすれば，テーラー展開をもう一項よけいにとって考えればよい．そして小数第2位まで一致という代わりに差を 0.005 とし，さらにこの値 1/200 の代わりに 1/216 すなわち $1/6^3$ を考えると，$\sin x=x-\dfrac{x^3}{6}+\cdots$，

$\tan x=x+\dfrac{x^3}{3}-\cdots$ から，

$$|x-\sin x|<1/6^3,\qquad |x-\tan x|<1/6^3,$$

となり，$|x|<\sqrt[3]{6}/6,\qquad |x|<\sqrt[3]{3}/6$　を得る．

これから sin については $x<1.817\cdots/6=0.30\cdots$

tan については $x<1.442\cdots/6=0.24\cdots$

となり，度単位に直せば，17.2°，13.8° となる．目安としては 15° 未満とおぼえておくのでよい．15° という角は，坂道であればかなり急な坂である．

② 5円玉の穴の直径，5円玉と目との距離，月の視直径というデータが必要となる(図1)．目の中心と穴の直径の両端を結ぶ線分を考えて作った二等辺三角形がこの場合のモデルになる．この頂角は小さいから，この二等辺三角形は扇形と考え，弧長が穴の直径とすれば($\sin x$ と x の同一視)，目との距離から中心角がわかる．月の視直径のデータは理科年表などを見ればよい．約 0.5°である．穴の直径は 0.5 cm，目と 5 円玉との距離は 50 cm とすると，穴を見る角は $180°\times 0.5/(3.14\times 50)=0.57°$ で 0.5°より少し大きく，穴からは満月がのぞける．

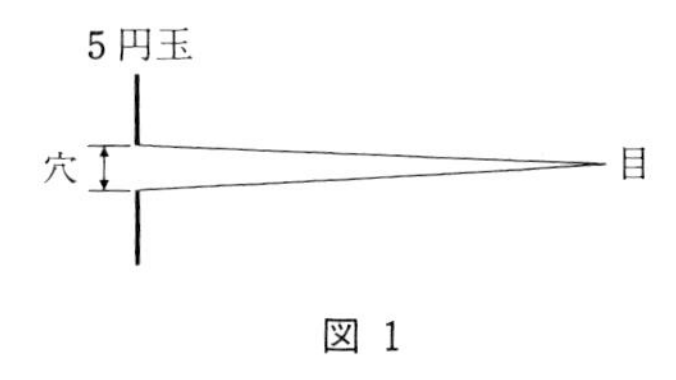

図 1

③ 「数学的モデル」の演習 1 で考えたように，隙間は $\sqrt{a^2+b^2}-b$ と表わせる．ここで，ドアの厚み a は，幅 b に比べてずっと小さい．したがって $\sqrt{1+a^2/b^2}\fallingdotseq 1+a^2/2b^2$ としてよい．

これを用いると $\sqrt{a^2+b^2}-b=b\sqrt{1+\dfrac{a^2}{b^2}}-b\fallingdotseq a^2/2\,b$ となる．この式の方が計算にはずっと便利である．これはまた次のように初等的にも導かれる．

$$\sqrt{a^2+b^2}-b=\frac{(\sqrt{a^2+b^2}-b)(\sqrt{a^2+b^2}+b)}{\sqrt{a^2+b^2}+b}$$
$$=\frac{(a^2+b^2)-b^2}{\sqrt{a^2+b^2}+b}=\frac{a^2}{\sqrt{a^2+b^2}+b}$$

上式の分母の $\sqrt{a^2+b^2}$ は b が a よりずっと大きいから，b とみなしてもよい．すると $a^2/2\,b$ が得られ，しかもこれが多少大きめに見た値であることがわかる．

④ 水平線が見えるということをどうモデル化するかが第一の問題である．水平線が見えるのは，地球が丸いからであり，水平線というのは，目の位置から地球に引いた接線の接点の作る弧の一部であることを意味する．したがって図 2 のようにモデル化することができる．図で，O は地球の中心，A は目の位置，OA が球と交わる点が B，A から引いた接線の接点が T である．問題は $\overset{\frown}{\mathrm{BT}}$ を求

めることである．ここで，OB は数千キロメートルの大きさ，AB は高々3,4 キロメートルであるから，∠AOT は小さい角である．したがって$\overset{\frown}{\mathrm{BT}}$の代わりに AT を求めても大差はない（$x$ と $\tan x$ の同一視）．地球の半径を R m とすると，

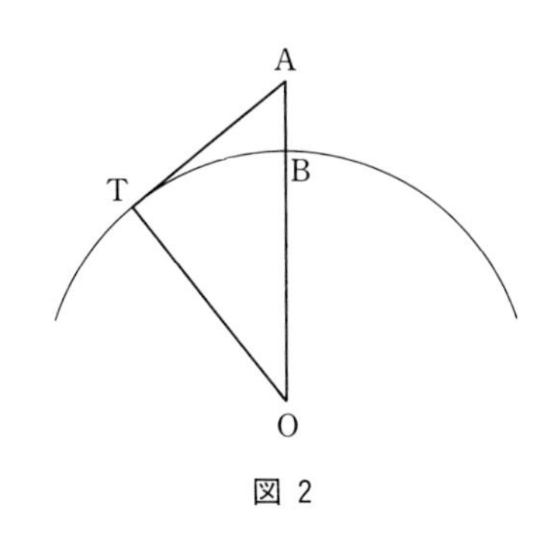

図 2

$$\mathrm{AT}=\sqrt{(R+h)^2-R^2}$$

$$=\sqrt{2Rh+h^2}=\sqrt{2Rh}\sqrt{1+\frac{h}{2R}}$$

ここで $h/(2R)$ の項を無視すれば $\mathrm{AT}=\sqrt{2Rh}$ となる．R の大きさは，理科年表などを参照すればわかるが，メートル法の歴史を知っていれば，キロメートルが地球の極から赤道までの距離の 1 万分の 1 として考えられたことから，計算できる．したがって

$$\sqrt{2R}=\sqrt{4\times 10^4\times 10^3/3.14}=3.57\times 10^3$$

となる．したがって水平線までの距離は $3.57\sqrt{h}$ km で，高さ 100 m で約 36 km 先まで見えることになる．

⑤　遠くの 2 点（レールの両側の点）が重なって見えるということのモデル化が必要である．これは，視力の問題（視力検査の検眼表を思い出してほしい）である．百科事典で視力の項を見れば，視力 1 とは，2 点を識別できる最小視角が，1′ であることで，最小視角を分で表わした値の逆数が視力の値であると説明されている．この場合，見る人の視力が必要なデータの一つで，もう一つ必要なのは，レールの間隔（軌間という）である．ＪＲの在来線では，この値は 1.067 m（狭軌）である．ちなみに新幹線では，欧米並みの 1.435 m（標準軌）が用いられている．

ここまでくれば，この問は課題②の逆の問題である．答えは 3.6…km で約 4 km 前方ということになる．視力 0.5 の人なら，この半分の距離になる．

⑥　体膨張の場合，どの方向にも同じように膨張するとすれば，これは相似変換で，したがって $V=kl^3$ となり，k は T に関係しない．したがって，$V=kl_0^3(1+aT)^3=V_0(1+aT)^3$ となる．この $(1+aT)^3$ を展開し，aT の二次以上の項を無視（aT が 1 に比べて小さいので）すれば，体膨張係数として $3a$ が得

られる．

これを $l=l_0e^{aT}$ というモデルから考えれば，体膨張係数が $3a$ となるのは，近似的な関係ではなくなる．

余　談

1)　メートル法がはじめてフランスの国会に提案されたとき（1790 年）の案では，メートルは北極から赤道までの子午線の長さの 1 千万分の 1 として定義されることになっており，その値を正確に確定するため，同一子午線上にあるダンケルク，バルセロナ間の距離を実測した．この測量は，治安が乱れた革命期の中で行われたので非常な苦心があったといわれている．それに基づいて，メートルの長さを現示するためメートル原器が作られ，後に僅かな誤差が発見されたので，前の定義を廃し，メートル原器の示す長さそのものをメートルと定めた．現在は，メートルは，真空中の光の速さをもとに定義されている（光が 1/299 792 458 秒*間に進む距離）．

航海や航空での距離の単位‘海里’は，やはり地球の大きさがもとになっているもので，赤道上で経度 1′ に対する距離が 1 海里で，キロメートルを単位とすれば 1.852 km であるが，これは 10 000 km÷90÷60 の値である．

2)　以前に，三角法での正接や正弦の応用問題として，鉄道線路の勾配がよく用いられていた．この勾配がタンジェントの意味なのか，サインの意味なのかよく問題となり，専門家に質した意見というのも両様であった．実は，その値が大さくても 1000 分の何十という程度で，タンジェントにしてもサインにしても実質的な差はほとんどないのである．事実線路構築の関係では，作業のやりやすさからタンジェントの意味に用い，運転設計の関係では，坂での荷重の計算等にサインの意味に用いていたので，どちらも誤りではなかったのである．数学の先生方には，実際の大きさには無関心で，理論にのみ走りがちな傾向があるといってもよい．

3)　角の単位である分や秒およびその記号 ′ や ″ については，小学校の算数科でも，中学校高等学校の数学科でも教えていない．これは度の端下は小数で扱えばすむからという考えからであろう．実際に分や秒を生徒が見聞きするのは，

---

*　299 792 458　憎く泣く西小屋（ニクク ナクニ シゴヤ）

台風の中心位置や進路の報道に接した場合ぐらいであろう．これは経度や緯度に関連して用いられる場合であるが，生徒にとって経度・緯度は地球の表面上に設けられた座標としての意味の方が主で，これを地球の中心で考えた角の大きさとしては把えていないようである．

演　習

1．腕を伸して掌をまっすぐ立てて，目までの距離と指1本の平均の幅を測れ．平原で，前方に視線に直角に走る道路上に，20 m おきに電柱が立っている．腕を伸して指でかくすと，正面では3本の電柱がちょうどかくれた．そこまで何メートルあるか．

2．ダンケルクは東経 2°20′，北緯 51°2′ で，バルセロナ(スペイン)は東経 2°10′，北緯 41°21′ のところにある．2地点の距離を求めよ．

3．図3は，電車のドアとホームの間の隙間の問題でのモデルである．R が d よりずっと大きいとして，h と R，d との間の計算に便利な近似式を作れ．

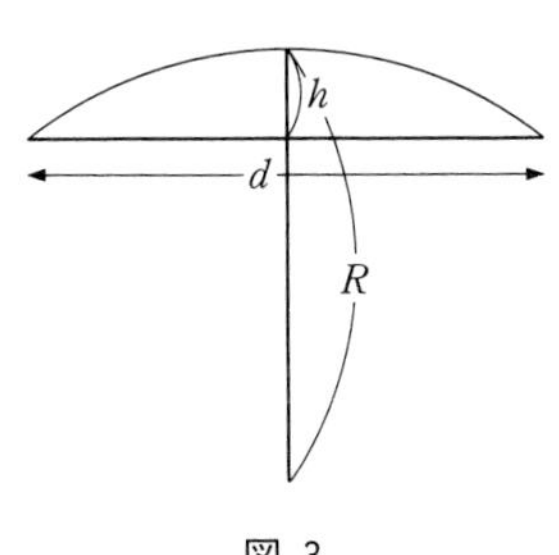

図 3

4．日本の打上げた静止人工衛星ゆり2号の高さは地上 35 790 km である．この上からは，地球上半径何 km の範囲が見えることになるか．

5．近くの坂道にいって，まずその坂の傾きが水平面に対して何度になっているのかの見当をつけよ．次に近くにある物を利用して，その正接の概数を見つもり，これから傾きの度数を計算せよ．さらに，適当な計器を用いて，もう少し正確な値を求めよ．一般に傾きは過大に見積りがちである．

拡張と一般化

背　景

ある一つの命題が正しいとわかったとき，それがもっと広い範囲でも成り立つのではないかと考えたり，いくつか一連の例から一般的な命題を想定し，それが正しいのではないかと考えることは，人間の思考の自然な広がりである．一を聞いて十を悟るのは，天才，秀才であろうが，凡人といえども，一，二，三と聞いたら，あとは四，五，と続くだろうと思うのは，自然である．しかし，想定した命題は，必ずしも正しいとは限らない．たとえば自然数nの関数$f(n)=n^2+n+11$は，$n=1, 2, 3, 4, 5, \cdots$に対して，$f(1)=13$，$f(2)=17$，$f(3)=23$，$f(4)=31$，$f(5)=41$，…といずれも素数になるが，だからといって，すべてのnについて$f(n)$は素数であるとはいえない．事実，$f(10)$は明らかに合成数である．

より広い範囲で成り立つのではないかと考える考え方を，拡張とか一般化とかいっている．拡張も一般化もともに広い範囲をめざす語であり，ときには同じ意味に用いられるが，またときには，微妙な意味合いの違いをもたせることもある．後者の場合には，一般化はいくつか一連の個別的な例から，これらを要素（個物とみなす）とする集合全体について成り立つことを想定するのに対し，前者は，一つの集合（一つ以上の要素をもつ，一般には無限の要素からなる）から，その集合を包含するもっと広い集合（したがって先の集合は，その部分集合になる）に進むことをさす場合が多いようである．ピタゴラスの定理の一般化はn次元における距離（原点からの）を，座標の平方和の平方根と定義することで，同定理の拡張は，平面上の余弦定理であるとするのが，その例となろう．事例を通じて一つの概念を作りあげていく心理的過程は，ふつうは一般化とよばれ，ここでは拡張という語は不適切である．数学の中では，自然数から整数を作ること，それからまた有理数を作ることと，順次に数体系を作っていく過程は，数の拡張とはいうが，数の一般化とはいわないようである．

一般化も拡張も，ともに帰納的な過程であって，これによって得られた命題の成否は，改めて検討すべきもので，数学では証明を必要とする．数学の発見的な学習にとっては，証明という段階へのまがいものでない動機をひき起こす重要なものである．

また，天下り的に学んだ命題群についても，A という定理は，B の一般化であるとか，かくかくの意味での拡張であるということに気づくことは，学んだことを整理し，見透しをよくし，記憶しやすくするうえで有益なことである．

課　題

① （1） 平面上の四角形 ABCD の辺 AB，BC，CD，DA の中点をそれぞれ K，L，M，N とすれば，線分 KM と LN は互いに他を 2 等分する．これを証明せよ．

（2） 中点というのは，2 等分点と言い換えられる．2 等分の代わりに，3 等分をとったらどうなるか．

（3） （2）の結果をさらに一般化せよ．

（4） AB，AD，AC を有向線分と考え，ベクトルの計算を用いて，（3）を改めて証明せよ．そこでは，$\overrightarrow{AC}$ が，$\overrightarrow{AB}$，$\overrightarrow{AD}$ と一次従属であることが証明にどう関連したか．このことから，どんな新しいことがわかるか．

② （1） 図 1 のように蓋のない直方体の容器に，水を半分以上入れ，これをこぼれないようにいろいろな位置に傾ける．このとき，水に接している立方体の側面や辺の大きさ，水の表面の位置は，傾きによっていろいろ変わる．傾きによって変わらない関係をできるだけ多く見つけよ．

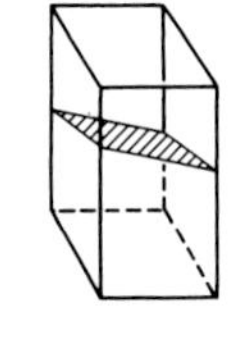

図 1

（2） 容器の底面の形を，平行四辺形にしたらどうなるか．

（3） 容器の底面の形を，三角形にしたらどうなるか．

（4） 容器の底面の形を，いろいろに変えて，できるだけ広い命題を求め，これを証明せよ．

③ （1） 次の計算を確かめ，下線部分の数を，まず計算せずに見当をつけ，次にそれを確かめよ（電卓を利用せよ）．

（イ）　$35^2=1225$　　　$3335^2=$________

　　　$335^2=112225$　　　________$^2=1111222225$

（ロ）　$64^2=4096$　　　　$6664^2=$＿＿＿＿

　　　$664^2=440896$　　　＿＿＿＿$^2=4444088896$

（2）（1）のような規則性をもったものは，他にもないか．

（3）（1）の規則性を証明せよ．

（4）2乗の代わりに，2数の積をとって同じような規則性が見つからないか．

解　説

①（1）これは，中学校の数学の教科書などによくある問題で，中点連結定理の応用である．特別な解説は不要であろう．

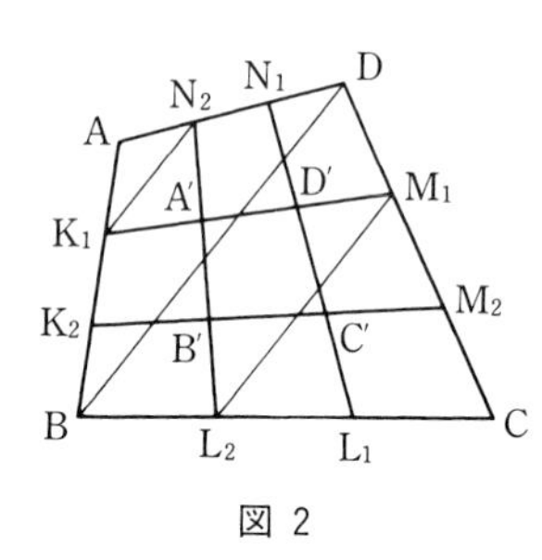

図 2

（2）図2のように，3等分点をそれぞれ，順に K_1，K_2；L_2，L_1；M_2，M_1；N_1，N_2 として，K_1M_1，K_2M_2，L_1N_1，L_2N_2 を結んで，それらの交点を図のように A'，B'，C'，D' としてみる．K_1N_2，BD，L_2M_1 を結んでみると，$K_1N_2 \mathrel{\text{≞}} \frac{1}{3}BD$，$L_2M_1 \mathbin{/\!/} \frac{2}{3}BD$ となるから $L_2M_1 \mathrel{\text{≞}} 2K_1N_2$ である．A' は K_1M_1 と L_2N_2 の交点であるから，$A'M_1=2A'K_1$，$A'L_2=2A'N_2$ で，A' は K_1M_1，L_2N_2 の3等分点の一つになる．

（3）4等分，5等分について図を書いて考察してみよ．辺を n 等分し，対辺の対応する等分点を結ぶとき，どんな命題が推測されるか．

その命題の証明を試みてみよ．（2）の証明のまねがそのまま当てはまるか．

もとの四角形の頂点に近いところの交点が n 等分点の一つ（線分の端点にいちばん近い）であることは，すぐわかるが，その他の点については，そんなに簡単にはいかないであろう．こんな場合どうしたらよいだろうか．まず4等分の場合を例にして考えてみよ．そこでの着想を一般化するのが数学的帰納法である．

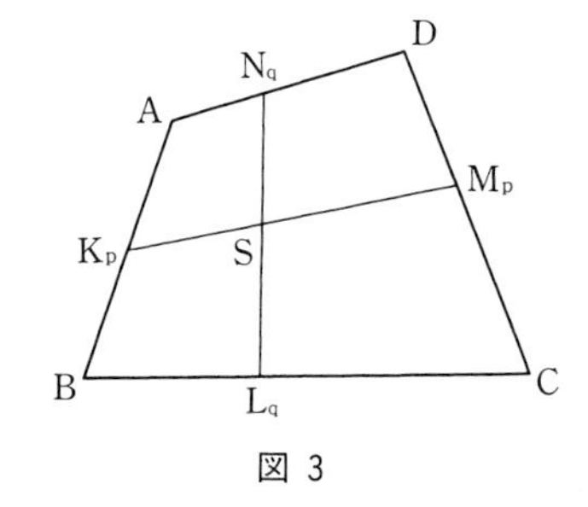

図 3

また，AB，CD の A，D から p 番目の n 等分点を，それぞれ K_p，M_p，BC，AD の B，A から q 番目の n 等分点をそれぞれ L_q，N_q と

し，K_pM_p と L_qN_q の交点をSとすると(図3参照)，これまで調べたことから

$K_pS:SM_p=q:n-q$，$N_qS:SL_q=p:n-p$ となる．

こうした言い換えから $p:n-p=a:b$，$q:n-q=c:d$

と書き直せば，$AK_p:K_pB=a:b=DM_p:M_pC$

$AN_q:N_qD=c:d=BL_q:L_qC$

ならば，$N_qS:SL_q=a:b$，$K_pS:SM_p=c:d$ となる．

このように表わすと，a，b，c，d が有理数であったことが影にかくれてくる．しかし，ここまで考えたのは，有理数の場合であった．それなら，a，b，c，d が無理数になっても大丈夫なのか．大丈夫となれば，定理が拡張されたことになる．

無理数になっても大丈夫だということは，昔からよく知られた次のような証明があって，これを保証している．この証明は，平行線による比例線の定理を基にしたものであるが，比例線の定理の中に無理数の場合も吸収されているのである．

証明の概略　図4のように，▱$ABPN_q$，▱$DCQN_q$を作り，またK_p，M_pからADに平行に引いた直線がN_qP，N_qQと交わる点をP'，Q'とする．

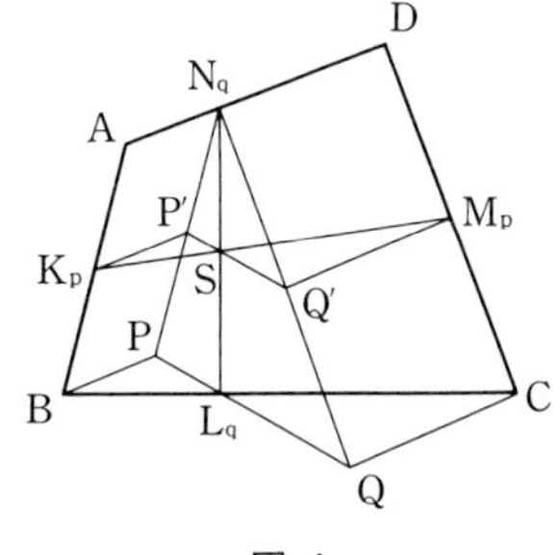

図4

$BP:CQ=c:d=BL_q:L_qC$より，P，L_q，Qは一直線上にある．$N_qP':P'P=a:b=AK_p:K_pB$，$N_qQ':Q'Q=a:b=DM_p:M_pC$であるから，$P'Q' /\!/ PQ$である．N_qL_qと$P'Q'$の交点をS'とすれば，$P'S':S'Q'=PL_q:L_qQ=c:d$より，P，L_q，Qのときと同じように，K_p，S'，M_pが一直線上にあることが導かれ，点SとS'とは一致する．

したがって$K_pS:SM_p=c:d$，また，$N_qS:SL_q=AK_p:K_pB=a:b$．

(4)　昔からの証明は，少し技巧的である．現代向きにやろうとすれば，ベクトル計算が問題にふさわしい．

$\overrightarrow{AB}=\vec{x}$，$\overrightarrow{AC}=\vec{y}$，$\overrightarrow{AD}=\vec{z}$ とし，N_qL_qを $a:b$ に分ける点をS_1，K_pM_pを $c:d$ に分ける点をS_2として，$\overrightarrow{AS_1}$，$\overrightarrow{AS_2}$ を，$\vec{x}$，$\vec{y}$，$\vec{z}$ と a，b，c，d で表わして同じ式になればよい．これは計算だけの問題である．

$\vec{x}$，$\vec{y}$，$\vec{z}$ は，同じ平面上にあるのだから，一次従属であるはずだが，そのことを利用せず計算することができる．このことは，$\vec{x}$，$\vec{y}$，$\vec{z}$ が同一平面上になくとも同じ定理が成り立つことを意味する．また，同時に，与えられた四角形がどんな形のものでもかまわなく，したがって凹四角形でも，また $\vec{x}$，$\vec{y}$，$\vec{z}$ の中の二つが重なった場合すなわち，四角形がつぶれた三角形の場合でも同じことが成り立つことを示している(図 5 参照)．ただし，$\vec{x}$，$\vec{y}$，$\vec{z}$ の三つが重なってしまうと，線分の交点の意味はなくなる（まったくの無意味な結果になるわけではない)．

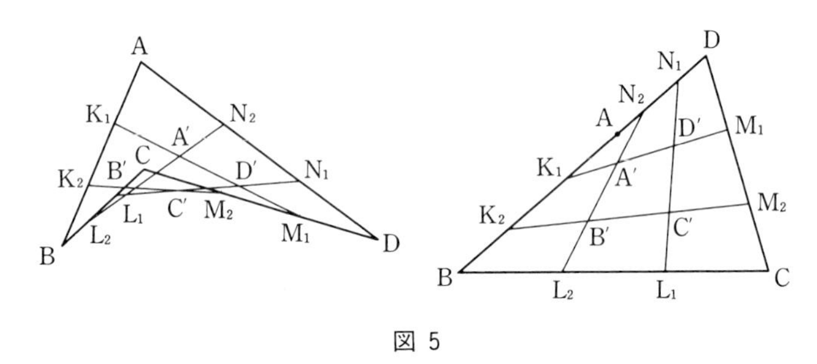

図 5

ここでも，また別な拡張があったわけである．三次元でも成り立つことは，(1)～(3)の初等的な方法でも反省すればわかることではあるが，ベクトルによるのが，このことをはっきり示している．

$a:b$，$c:d$ の代わりに文字の数を少なくして，$s:(1-s)$，$t:(1-t)$ という書き方を用いると

$$\overrightarrow{\mathrm{AS}}=st\,\vec{x}+(1-s)\,t\,\vec{y}+(1-s)\,(1-t)\ \ \vec{z}$$

となる．$\vec{x}$，$\vec{y}$，$\vec{z}$ を基底とする空間座標を考え，S の座標を（x，y，z）とすれば

$$x=st$$

$$y=(1-s)\,t$$

$$z=(1-s)\,(1-t)$$

となる．これから s，t 消去すれば，$y=(x+y)\ (z+y)$ となる．これは，図 6 のような双曲放物面である．

② （1）　この課題全体を通じて基本的なことは，容器の傾きいかんにかか

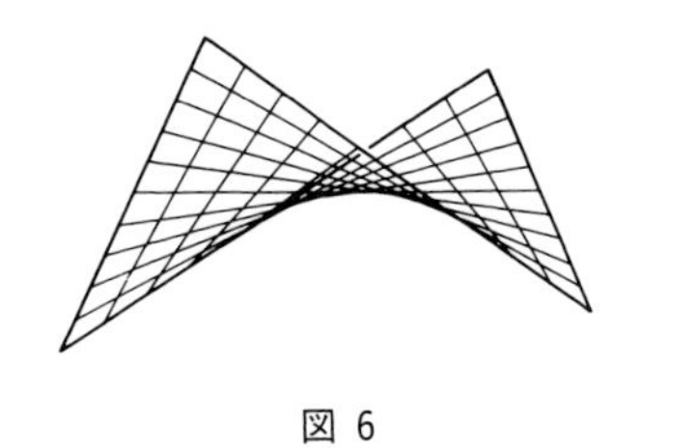

図 6

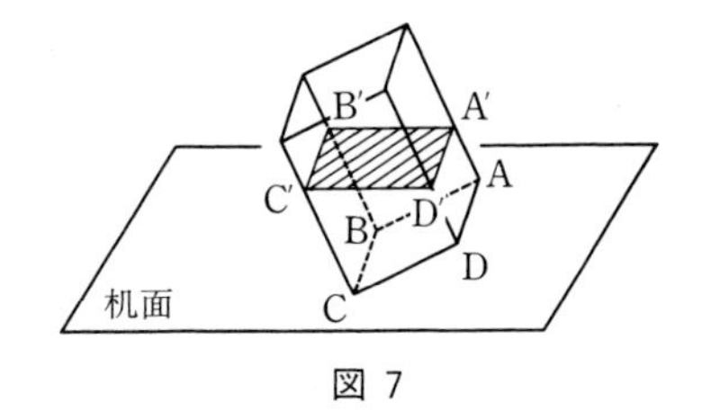

図 7

わらず，水の体積Vが一定なことである．(1)では，まず容器の一辺を机上に置いた場合について考えてみるとよい．図7のように，容器の底面をABCD，水面が辺と交わる点をA′，B′，C′，D′，BCは机面に接しているとする．

AA′，BB′，CC′，DD′の間にどんな関係があるか．

四角形AA′B′B, BB′C′C, CC′D′D, DD′A′Aの面積の間にどんな関係があるか．

水面A′B′C′D′上で容器を傾けても変わらない部分があるか．

上で調べた関係は，容器を1点Aだけで机上に支えたとき，どう変わってくるか．四角形A′B′C′D′が平行四辺形となることから，その対角線の交点O′から底面に下した垂線O′OとAA′，BB′，CC′，DD′の間の関係を導き，これを基にして考えよ．

また，O′を中心として，水の部分の図形を点対称変換をして考えよ．このことから，水の体積V，底面積S，OO′の長さhとの間の関係を導け．

(2) 底面を平行四辺形とすると，(1)の考察のどこが変わってくるか．

(3) 図8のように，底面の三角形をABC，水面の三角形をA′B′C′とし，AA′がBB′，CC′より小さいとして，A′を通り，底面に平行な平面がBB′，CC′と交わる点をB″，C″とする．A′からB′C″に下した垂線の足をHとすると，A′Hは平面B′B″C″C′に垂直になる．このことから，△ABCの面積をS，角錐A′B″B′C′C″の体積をV'とすると

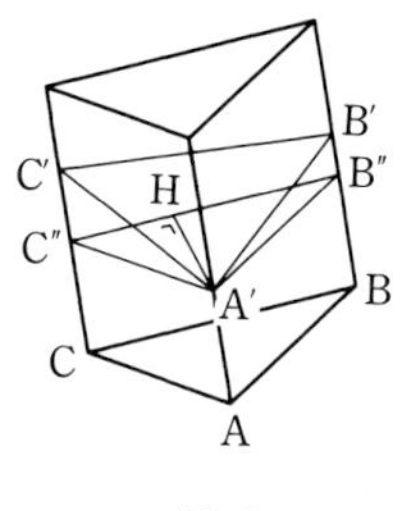

図 8

$$V'=\frac{1}{3}\ (\mathrm{B'B''}+\mathrm{C'C''})\ S$$

が導かれる．角柱ABC−A′B″C″の体積をV''とすれば，$V''=\mathrm{A'A}\cdot S$である．

この二つから，　　$V=V'+V''=\frac{1}{3}$ (AA$'$+BB$'$+CC$'$) S

が導かれる．$\frac{1}{3}$ (AA$'$+BB$'$+CC$'$) は，△ABC の重心を G，△A$'$B$'$C$'$ の重心を G$'$とすると，GG$'$に等しく，かつ GG$'$は底面に垂直である．したがって，

$$V=\mathrm{GG}'\cdot S$$

これから，(2)で考えた命題のうち，辺の間のある一次式の値が一定なこと，水面が容器に伴った定点を通ることはわかる．側面積が一定なことはいえない．

(4)　長方形の場合の点対称変換による証明は，かなり一般的な図形について，そのまま成り立つ．すなわち，底面が1点 O に関して点対称であったとする．すると，水面も1点 O$'$ に関して点対称で，O は O$'$ から底面に引いた垂線の足であることは，水面の正射影が底面になっていることからすぐわかる．O$'$ で水の部分全体を点対称変換してみれば，全体は2倍の体積の直柱体となり，したがって，V＝底面積×OO$'$ で OO$'$ は一定となり，O$'$ は定点となる．また水にぬれた側面は，2倍の直柱体の側面積の半分でこれも一定である．また，OO$'$ を通る平面で切った切り口の二つの高さの和は2 OO$'$ に等しくこれも一定である．

底面の形が点対称でない場合はどうだろう．

まず一般の四角形について考えてみよう．図9では底面の四角形 ABCD だけを示す．水面での対応する点には$'$をつけて書くことにする．AA$'$ // CC$'$ であるから，AA$'$CC$'$ は一つの平面上にあり，これで全体を切って二つの部分に分けると，各部分の体積は(3)のようにして求められる．すなわち △ABC，△ACD の面積を S_1，S_2，これらを底面とする立体の体積を V_1，V_2，△ABC，△ACD の重心を $\mathrm{G_1}$，$\mathrm{G_2}$ とすると，

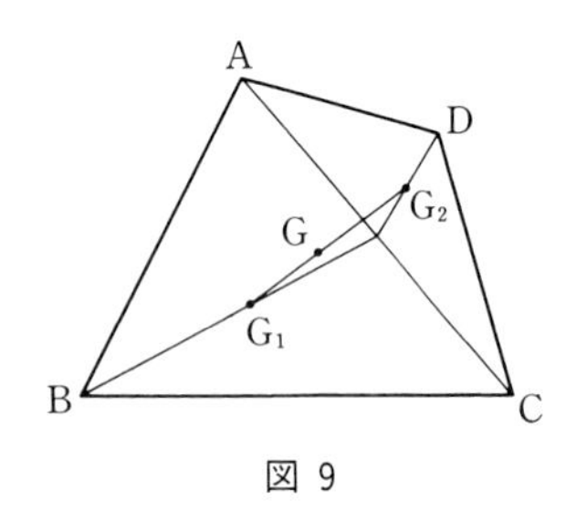

図 9

$$V_1=\mathrm{G_1G_1}'\cdot S_1,\quad V_2=\mathrm{G_2G_2}'\cdot S_2$$

である．

$V=V_1+V_2=\mathrm{G_1G_1}'\cdot S_1+\mathrm{G_2G_2}'\cdot S_2$ であるが，この右辺は，$\mathrm{G_1G_1}'$，$\mathrm{G_2G_2}'$ に一定量 S_1，S_2 を重みとした一次式である．それゆえ，$\mathrm{G_1G_2}$ を結ぶ線分を G で

分けて，

$$\mathrm{G_1G : GG_2} = S_2 : S_1$$

となるようにする（図９）．

Gで底面に立てた垂線が水面と交わる点をG′とすれば，$\mathrm{G_1G_1{}' \,/\!/\, GG' \,/\!/\, G_2G_2{}'}$であるから

$$\mathrm{GG'} = \frac{S_1 \cdot \mathrm{G_1G_1{}'} + S_2 \cdot \mathrm{G_2G_2{}'}}{S_1 + \mathrm{S}_2}$$

となり，四角形ABCDの面積をSとすれば$V = \mathrm{GG'} \cdot S$となる．

点Gは△ABCの重心$\mathrm{G_1}$にその面積S_1の重みをつけ，△ACDの重心$\mathrm{G_2}$にその面積S_2の重みをつけた平均の点で，四角形ABCDを板（一様な厚みをもった）と考えたときの重心である．その意味では四角形を別な対角線BDで分割しても同じ点が得られるはずである．

この式を基におけば，この場合も水面は，容器に伴った定点を通ることがわかる．

ぬれている辺の長さの間の関係はどうだろうか．

$\overrightarrow{\mathrm{AB}}$，$\overrightarrow{\mathrm{AC}}$，$\overrightarrow{\mathrm{AD}}$は平面上のベクトルであるから$\overrightarrow{\mathrm{AB}} = x\,\overrightarrow{\mathrm{AC}} + y\,\overrightarrow{\mathrm{AD}}$となる定数$x$，$y$がある．そして$\overrightarrow{\mathrm{A'B'}}$，$\overrightarrow{\mathrm{A'C'}}$，$\overrightarrow{\mathrm{A'D'}}$の正射影は$\overrightarrow{\mathrm{AB}}$，$\overrightarrow{\mathrm{AC}}$，$\overrightarrow{\mathrm{AD}}$であるから$\overrightarrow{\mathrm{A'B'}} = x\,\overrightarrow{\mathrm{A'C'}} + y\,\overrightarrow{\mathrm{A'D'}}$となる．

$\overrightarrow{\mathrm{A'B'}} = \overrightarrow{\mathrm{A'A}} + \overrightarrow{\mathrm{AB}} + \overrightarrow{\mathrm{BB'}}$，$\overrightarrow{\mathrm{A'C'}} = \overrightarrow{\mathrm{A'A}} + \overrightarrow{\mathrm{AC}} + \overrightarrow{\mathrm{CC'}}$，$\overrightarrow{\mathrm{A'D'}} = \overrightarrow{\mathrm{A'A}} + \overrightarrow{\mathrm{AD}} + \overrightarrow{\mathrm{DD'}}$であるから，$\overrightarrow{\mathrm{AA'}}$，$\overrightarrow{\mathrm{BB'}}$，$\overrightarrow{\mathrm{CC'}}$，$\overrightarrow{\mathrm{DD'}}$の間に一次の関係があり，これらは同じ方向のベクトルであるから，その関係はそのまま長さの関係とみられる．ただし，これはVが一定ということには関係のないことである．

底面の形がもっと一般的なものになったら，どうなるだろうか．底面の周を一般の曲線として考えてみよう．そこで図10のように底面をxy平面にとり，周の曲線を$C : f(x,\ y) = c$とし，水面の平面の方程式を$z = ax + by + c$としてみる．すると

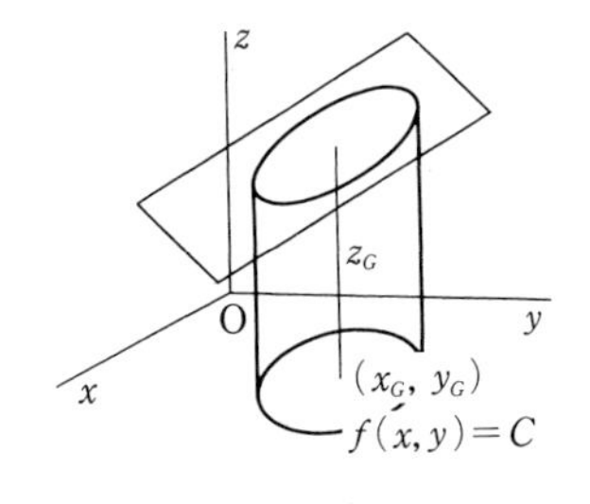

図 10

$$V = \iint_C z\,dx\,dy = a\iint_C x\,dx\,dy + b\iint_C y\,dx\,dy + c\iint_C dx\,dy$$

となる．$\iint_C f(x, y)\,dx\,dy$ は底面の面積である．これをSとする．すると，$x_G=\frac{1}{S}\int_C\int x\,dx\,dy$ は底面（板）の重心のx座標で，$y_G=\frac{1}{S}\int_C\int y\,dx\,dy$ は，そのy座標である．

$z_G=ax_G+by_G+c$とすれば，これはGで立てた底面の高さGG′で，$V=z_G\cdot S$となる．Vが一定ならG′は容器に伴った定点である．

定点通過の性質は，柱体ならば必ず成り立つことがわかった．さらに柱体の下に，他の形の容器をつけ加えておいても，水を柱体部分の半分以上の高さまで入れておけば，やはり成り立つ．これが一番ひろい解釈であろう．

板の重心は，幾何の問題の中にはあまり現われてこないが，この課題は，これが現われる珍しい例である．

③ （1）ではじめの方については解説は不要であろう．（イ），（ロ）の最後の例について，電卓の表示けた数が8けたまでのものであると直接にはいかない．上の3例から，もとの数の3のけた数と，答の方で繰り返される数字のけた数との間の関係について，帰納的な推測ができれば，それによって答の推定はできるが，それをどうやって確かめるかは別問題である．これを確かめるには，何らかの筆算がいる．$33335^2=(3\cdot10^4+3335)^2$，$66664=(6\cdot10^4+6664)^2$としてすぐ上の結果を用いるのもその一法であろう．

（2） 平方される方の数に同じ数字が並ぶと，答の方にも同じ数字が並ぶと一般化してもよいだろうか．いくつかの例で試行してみよ．平方される方の数に，3か6が並ぶと考えるとどうだろうか．試行してみよ．

3，6以外の数字では，だめなのだろうか．

（3） 同じ数字が並んだ数を，代数的な計算に都合のよい形にどうしたら表わせるかが鍵である．そのいちばん簡単な場合が9が4個並んだ数であるが，これは10^4-1と表わせる．これがわかれば，aという数字が4個並んだ数は$\frac{a}{9}(10^4-1)$と表わせる．そしてこの形なら，代数的な式変形には都合がよい．この考えを用いれば，（1）で考えた数の関係は，nを自然数として

（イ）は　$\left\{\frac{1}{3}(10^n-1)+2\right\}^2=\frac{1}{9}(10^{n-1}-1)10^{n+1}+\frac{2}{9}(10^{n+1}-1)+3$

（ロ）は $\left\{\frac{2}{3}(10^n-1)-2\right\}^2=\frac{4}{9}(10^{n-1}-1)10^{n+1}+\frac{8}{9}(10^{n+1}-1)+8$

と表わせる．問題は，この等式が正しいことを式の変形で証明することに帰着される．まずはじめの方だけ試みてみよう．

$$\left\{\frac{1}{3}(10^n-1)+2\right\}^2=\frac{1}{9}(10^n-1)^2+\frac{4}{3}(10^n-1)+4$$

$$=\frac{1}{9}(10^n-1)10^n-\frac{1}{9}(10^n-1)+\frac{4}{3}(10^n-1)+4$$

$$=\frac{1}{9}(10^n-1)10^n+\frac{11}{9}(10^n-1)+4$$

右辺 $$=\frac{1}{9}(10^n-10)10^n+\frac{2}{9}(10^{n+1}-1)+3$$

$$=\frac{1}{9}(10^n-1)10^n-10^n+\frac{2}{9}10^{n+1}-\frac{2}{9}+3$$

$$=\frac{1}{9}(10^n-1)10^n+\frac{11}{9}10^n-\frac{11}{9}+4$$

$$=\frac{1}{9}(10^n-1)10^n+\frac{11}{9}(10^n-1)+4$$

となって等式が成り立つことが示される．

もう一つについても

$$\left\{\frac{2}{3}(10^n-1)-2\right\}^2=\frac{4}{9}(10^n-1)^2-\frac{8}{3}(10^n-1)+4$$

$$=\frac{4}{9}(10^n-1)10^n-\frac{4}{9}(10^n-1)-\frac{8}{3}(10^n-1)+4$$

$$=\frac{4}{9}(10^n-1)10^n-\frac{28}{9}(10^n-1)+4$$

$$=\frac{4}{9}(10^n-10+9)10^n-\frac{28}{9}(10^n-1)+4$$

$$=\frac{4}{9}(10^{n-1}-1)10^{n+1}+4(10^n-1)-\frac{28}{9}(10^n-1)+8$$

$$=\frac{4}{9}(10^{n-1}-1)10^{n+1}+\frac{8}{9}(10^n-1)+8$$

となって右辺が導ける．

（4）（2），（3）からみて，ここにあげたような特色は，3，6，9 のどれかが上位から並んだ数についてのものであるように思われる．それなら，2乗だけでなく，異なる数の乗法でも，その性質をもっていれば，そうなるのではないかという推測が生れる．

まず，334×332，665×668 でためしてみよう．

積の因数の上位の数字が同じことは本質的な条件だろうか．積の因数のけた数が同じことは本質的な条件だろうか．例として

334×998，667×331

6662×334，9995×667

をとって考えよ．

演　習

1．四角形 ABCD の各辺の 3 等分点を，図 11 のように，AB，BC，CD，DA 上でこの順に K_1，K_2，L_2，L_1，M_2，M_1，N_1，N_2 とする．K_1M_1，K_2M_2，L_1N_1，L_2N_2 を結んだとき，まんなかにできる四角形 A′B′C′D′ の面積は，全体の面積の 9 分の 1 であることを証明し，かつこれの拡張を考えよ．

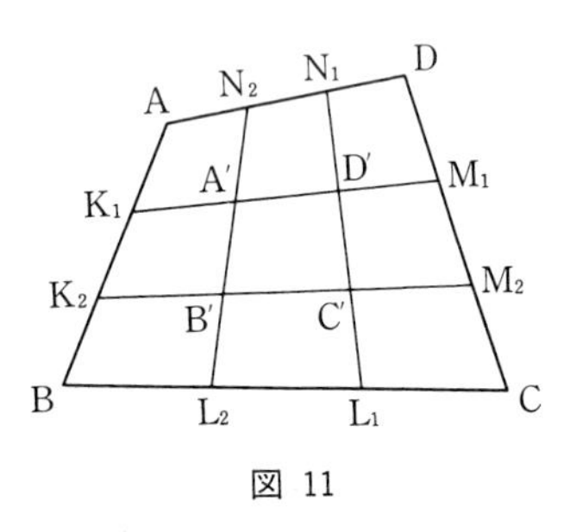

図 11

2．（1） 三角形の各辺の中点の位置が与えられているとき，もとの三角形の頂点の位置を作図せよ．

（2） 四角形の 4 辺の中点の位置は，勝手にはとれない．どんな条件が必要か．その条件が満たされているとき，もとの四角形の頂点を作図せよ．

（3） 平行四辺形 PQRS が与えられている．この P，Q，R，S が引き続く 4 辺の中点になるような凸四角形の頂点はどんな範囲にあるか．

（4） （1），（2）の結果を一般化せよ．

3．（1） 凸四角形 ABCD において，△ ACD，△ ABC，△ ABD の面積をそれぞれ S_B，S_D，S_C とするとき，

$$S_C \cdot \overrightarrow{AC} = S_B \cdot \overrightarrow{AB} + S_D \cdot \overrightarrow{AD}$$

であることを示せ．

（2） B，C，D の位置が上とは変わると，上の式はそのままでは成り立たな

い．そのまま成り立つようにするには，S_B，S_C，S_D の符号をどのように考えたらよいか（本文 65 ページの x，y は上記の S_B/S_C，S_D/S_C である）．

4．図形についての量に正・負の符号を考えることについて，次の問に答えよ．

（1）座標につけた符号，角について考えた符号は，どんな利益をもたらしたか．

（2）凸多角形の外角の和はつねに 360° であるが，凹多角形，たとえば，凹四角形では，これが成り立たないことを確かめよ．ついで，角に符号を考えたらどうなるかを調べよ．

（3）（2）の結果をさらに一般化することはできないか．

5．凸四角形 ABCD において，△BCD，△ACD，△ABD，△ABC の重心をそれぞれ G_A，G_B，G_C，G_D とする．

（1）AG_A，BG_B，CG_C，DG_D は 1 点 G で交わり，点 G はそれぞれの線分を 3：1 に分けることを証明せよ（これが 4 点に等しい重力が働くときの合力点である）．

（2）G_AG_C，G_BG_D の交点を G′，AC，BD の交点を E とすると，

（i）E，G′，G は一直線にあり，かつ EG：GG′＝3：1

（ii）G′ は四角形 ABCD の板と考えたときの重心（一様な重力が働いたときの合力点）である

ことを証明せよ．

6．末位以外が同じ数字からなる 2 数の積について

（1）2 因数のけた数が同じ場合に，積が 3 種類の数字のみよりなる組を求めよ．また積が 2 種類の数字のみよりなる組を求めよ．

（2）（1）で 2 因数のけた数が 1 違いとしたらどうなるか．

パターンの発見

背 景

パターンという語は，日本語化した英語の一つで，日常の文にもよく用いられているが，数学教育の中でも，問題解決の指導などを議論する際に，パターンを見つけることとかパターンの発見とかいう語が一つのキーワードとして用いられている．しかし，さてどんな意味かと振り返ってみると，それほどはっきりしていない．

多くの場合は“規則性”というふつうの日本語でいってもすみそうである．もともとは，どんな意味であったのだろうか．

川本茂雄編の英和辞典（講談社学術文庫）で，pattern の項を見ると

1．模範，手本，2．型，様式，3．（行為，思考などの）型，方式，4．図案，模様　などの意味がのせてあり，加えて，形，型の意味の類義語として，pattern，form，shape，figure をあげ，その区別を説明している．その要点は，次のようである．

pattern：原型が存在し，それが何度も繰り返される（模写される）ような型．

form：pattern のように繰り返しが考えられていない形を表わす最も一般的な語．したがって pattern は人工的に設定されたものに使用されるのに対し，form は自然物の形も含む．form が人工的事物に用いられるときは「形式」．

shape：form は立体的な形を表わすのに対し，shape は平面に投影された形．

figure：物体（特に人間の形）にのみ使用し，それが眼や心に与えた印象がもつ形．

パターンというときには，繰り返しに意味があるようである．そう解釈するとき，すぐ頭に浮ぶのは，帯模様のパターンである．一つの単位図形が一つの直線に沿って，平行移動したり，対称移動したりしながら，帯状に同じパターンを繰り返していくのが帯模様である．パターンという語が模様を意味するのは，この理由からであろう．この幾何的なパターンは群論的なアプローチで解

明され，一つの美しい結果にまとめられている（たとえば伏見・安野・中村著『美の幾何学』（中公新書）を見よ）．

数に関係した分野でもパターンという語は教育に関係してよく用いられる．そこでも，繰り返し現われる規則性といった意味で用いられることが多い．正の数・負の数の四則の導入の際

$(+3)\times(+4)=+12$，$(+3)\times(+3)=+9$，$(+3)\times(+2)=+6$，

$(+3)\times(+1)=+3$，$(+3)\times 0=0$

という既知の世界での乗法の結果を並べて，乗数が1ずつ小さくなれば，積は3ずつ小さくなるというパターンに気づき，それなら，$(+3)\times(-1)$は，0より3小さい数-3としようと考えるのは，パターンの考えが利用される一例で，このような発想は，新しいものの導入にはよく用いられている．この場合に重要な手がかりとなったのは，正の数同士の積というデータ（考える材料）をただ乱雑に集めて考察したのでなく，乗数を1ずつ減らしていくという，いわばパターンの種を植え込んでデータをそろえたことである．この手法は，次の課題②のような数え上げの問題などにはよく利用されるものである．

数のパターンをまともに取り上げた話題としては，数列がある．数列は，論理的には，自然数の上の関数として促えられるが，それは論理的に整理された結果であって，発生的には，次から次へと項を作り出す規則，繰り返しのパターンが基で，独立変数としての自然数―項の番号―は後から生まれたものと考えてよい．すなわち，数列においては，帰納的定義の方が基本的である．

5，8，11，14，17，……と並んだ数を見て，「3ずつ多くなっている，だから次は17であろう.」というのは，「だから」という語を用いてはいるが，演繹的な思考ではなく，帰納的推論である．しかし，データが3ずつふえていると見ることは，パターンの発見である．そこでは，項に番号をつけ，$n\leqq 5$のときは第n項は$2+3n$であるという認識は必要とされない．帰納的推論が正しいと結論できるためには，他に何らかの情報が必要である（帰納的定義というときの帰納は，帰納論理の意味の帰納ではなく，数学的帰納法の帰納である）．

課　題

① 帯模様は，一つの単位図形を横の方向に繰り返し合同に移動して得られる．その移動は，i）帯の方向の平行移動（T），ii）点対称移動（P），iii）

帯の方向に垂直な直線を軸とする線対称移動（V），iv）帯の方向の直線を軸とする線対称移動（H）から組立てられている．そして，でき上った模様の全体を上の移動によって動かしてももとの模様とまったく重なる．

図 1

図 1 を単位図形とする帯模様を作り，全部で何種類あるかを調べよ．

② 12 個の平面は空間を最大限いくつの部分に分けるか．

③ $\dfrac{(2m)!\,(2n)!}{m!\,n!\,(m+n)!}$ は整数であることを証明せよ．

④ 次のような数当てゲームがある．

まず，次の式を示しておく．

□□× a 9 b +○ ○× c 9 d

当てる人（A）：「この式で，□も，○も，a，b，c，d も数字を表わします．まず，あなたが a と c の数字を指定して下さい．私は b と d を指定します．それから私に見えないように□や○に勝手な数字を書き入れ，式の値を計算して，その答を教えて下さい．□□に書いた数を当ててみせます．」（当然○の方もわかる）．相手が a に 3，c に 5 を選ぶと，A は，b に 7，d に 4 を選んだ．□□には 26，○○には 73 を書き入れて，26×397＋73×594 を計算し，53684 と答えた．A は，少し考えて「26 ですね．」と当てた．

1）何回か A を相手に試みてみて，A がどうやって当てるのかを推測してみようと思う．どんな方針で試行してみたらよいか．

2）26 の 6 を 0，1，2，3，4，5，……と変化させてみると計算の答はどうなるか．

3）73 の 3 を 0，1，2，3，4，5，……と変化させてみると計算の答はどうなるか．

4）当て方は，積の数値から決まるはずであり，3）からは，積が 594 だけ変っても変らないはずである．どんな方法で当てるのだろうか．

5）4）の推測が正しいことを証明せよ．

解　説

① 単位図形が横にいくつも並んでいくいちばん簡単なのは，T を繰り返していくことであり，他の移動はそれ自身を繰り返しても，P^2，V^2，H^2 はいずれ

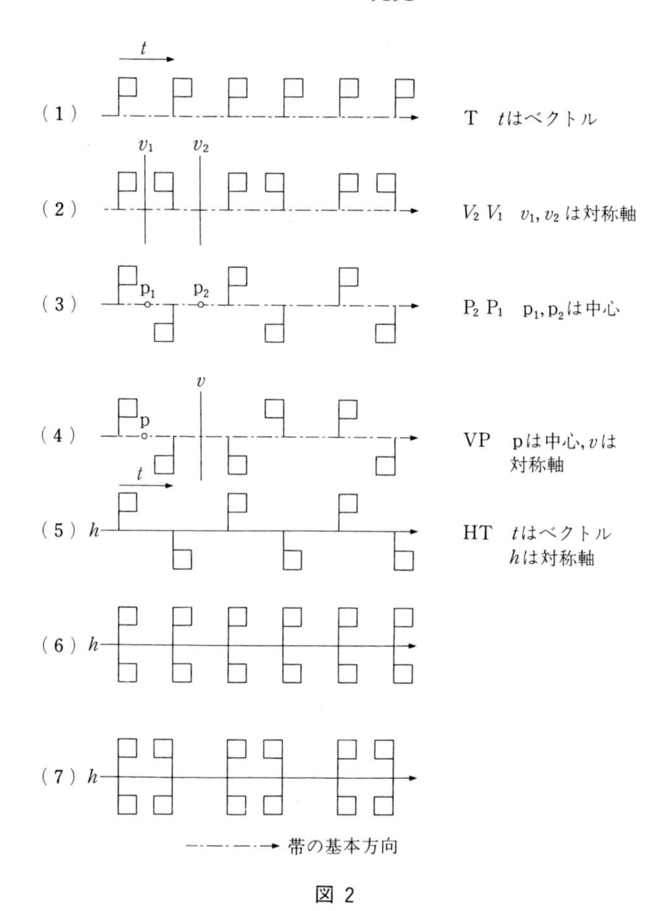

図 2

も恒等写像となるから，拡がっていかない．異なるものの組合せが必要である．そうしたものを求めると，二つの点対称の組合せ P_2P_1，二つの線対称の組合せ V_2V_1，点対称と線対称の組合せ VP，平行移動と H 形の線対称との組合せ HT (＝TH) がある．これらの移動を単位図形に施すと**図 2** の（1）から（5）までの模様が得られ，これらは互いに異なる模様である(PV によって別の模様ができるように見えるが，単位図形の V による対称形を単位図形とすれば，VP の場合と同じパターンの模様であることがわかる)．(1) から (5) までに，H で移動したものを加えれば，さらに二つの模様（図の h を対称軸とするもの）が得られる．すなわち，(1)，(5) からは同じ（6）が，(2)，(3)，(4) からは同じ（7）が得られる．全部で7種の帯模様が得られた．

② いきなり，12個の場合の図を書こうとしても複雑で，頭の中でも書ききれないのがふつうであろう．試みに，平面の個数が少ない場合を考えてみる．そのとき，いきなり4や5をとらず，わかりきっていても1，2，3，4，……と個数を順序よく増やしていくことがパターンを見つけるこつで解説で述べた“種を仕込むこと”である．こうすると，次のことがわかってくる．n個の平面で分けられる部分の数の最大を$f(n)$とすると，

1) $f(1)=2$，$f(2)=4$，$f(3)=8$，$f(4)=15$

2) 分けられる部分の数が最大というのは，どの3平面も1点で交わり，4個以上が1点で交わることもないことであることといいかえられる．

$f(1)$，$f(2)$，$f(3)$までみれば$f(n)=2^n$となりそうだが，$f(4)=15$で，これには合わない．$f(n)$をこのまま決めるのは，むずかしい．そこで，少しやさしい平面上の類比的な次の問題を考えてみる．

1平面上のn個の直線で平面はいくつの部分に分けられるか．ただし，どの2直線も1点で交わり，3個以上が1点で交わることはないとする．

この部分の数を$g(n)$としてみると

$g(1)=2$，$g(2)=4$，$g(3)=7$，であることはすぐわかる．$n=3$の図に4番目の直線を加えて，新たに生まれた部分にかげをつけてみる．これは，4番目の直線上にできる交点で境された直線上の部分（線分または半直線）の数だけある．その点は，3個あるから，部分の数は4で，したがって，$g(4)=g(3)+4$である．これを今までの式でチェックしてみると，$g(2)=g(1)+2$，$g(3)=g(2)+3$，とパターンをもっている．

直線上にn個の点があれば，それらが分ける部分の数は$n+1$個であることはすぐわかる．

n個の直線が（$n+1$）番めの直線と交わる点の数はn個だから$g(n+1)=g(n)+(n+1)$となる．これがこの場合の基本のパターンである．この漸化式から

$$g(n)=2+2+3+4+\cdots\cdots+n=1+1+2+3+\cdots\cdots+n$$
$$=1+\frac{n(n+1)}{2}$$

となる．

空間に戻って考えるとき，$g(n+1)$ と $g(n)$ の関係を考えたやり方は，空間にも適用できる．n 個の平面が $f(n)$ 個の部分に空間を分けている．そこに $(n+1)$ 個目の平面を加えると，この平面の上には，n 個の直線ができる．それらが分ける平面の部分の数は $g(n)$ で，これが，$(n+1)$ 個目の平面によって生ずる新しい空間の数になる．すなわち $f(n+1)=f(n)+g(n)$

これから

$$f(n)=f(1)+\sum_{i=1}^{n-1}g(i)=\frac{(n+1)(n^2-n+6)}{6}$$

となる．

したがって $f(12)=299$.

③　m，n が整数であるとき $(m+n)!/(m!\,n!)$ が整数となることは，これが $(m+n)$ 個のものから m 個をとる組合せの数であると考えれば，すぐわかる．この場合，この種の考察はあまり役に立ちそうもない．そこでまず，特殊な場合を考えてみる．$m=0$ としてみると，

$$f(0,\ n)=\frac{0!\,(2n)!}{0!\,n!\,n!}={}_{2n}C_n$$ で，確かに整数である．

また，$f(m,\ n)=f(n,\ m)$ であるから，$f(m,\ 0)$ も整数である．

さらに $m=n$ としてみると

$$f(m,\ m)=\frac{(2m)!\,(2m)!}{m!\,m!\,(2m)!}={}_{2m}C_m$$ で，これもまた整数である．

そこで，m，n を順次に 0，1，2，3，4，……にとって，数値を計算し，表にしてみる．表は，第1行，第1列，対角線に同じ整数列が並ぶことは，上の考察から明らかである．したがって，対角線から右だけを計算すればよい．計算を2，3試みてみると，その都度定義から求めるのは，わずらわしい．そこで，計算のための漸化式（一つのパターン）を考えてみる．

$$\begin{aligned}f(m,\ n+1)&=\frac{(2m)!\,(2n+2)!}{m!\,(n+1)!\,(m+n+1)!}\\&=\frac{(2m)!\,(2n)!\,(2n+1)(2n+2)}{m!\,n!\,(n+1)(m+n)!\,(m+n+1)}\\&=f(m,\ n)\frac{2(2n+1)}{m+n+1}\qquad ①\end{aligned}$$

$$f(m+1,\ n)=f(m,n)\frac{2(2m+1)}{m+n+1} \qquad ②$$

これにより，表をまとめると，次のようになる．

m \ n	0	1	2	3	4	5
0	1	2	6	20	70	252
1	2	2	4	10	28	84
2	6	4	6	12	28	72
3	20	10	12	20	40	90
4	70	28	28	40	70	140
5	252	84	72	90	140	252

確かに，この範囲では数値はみな整数である．その他，一般に，結論に導きそうなパターンは見られないかいろいろ試みてみると，次のことが示唆されるだろう．

1)　対角線のそばは，対角線の値の2倍である．

$f(m,\ m+1)=2f(m,\ m)=f(m+1,\ m)$

2)　一つの項の4倍が，その右隣りと，すぐ下の項の和になっている．

$f(m,\ n+1)+f(m+1,\ n)=4f(m,\ n)$

これらの等式が一般に成り立つことは，①，②からすぐに証明できる．2)がわかれば，$f(0,\ n)$ が整数であることから出発して，数学的帰納法で結論が導かれる．

ここでは，乗法的なパターン①，②と，加法的なパターン2)の発見が鍵となった．1)は解答には，直接関係しなかった．

④　この課題は本来ならば，当てる人と相手との間の対話，あるいは，コンピュータ相手の対話によって進める方がふさわしいものである．謎ときをする側からは，どんな方策でアプローチしたらよいかが問題である．

まず，第一の鍵は，a，c に対して，どうやって b，d を選ぶのかを探ることであろう．試みに a，c として1，2，……，9を順にとってみると，次の結果が得られる．

$a=1$ なら $b=9$　　　　$c=1$ なら $d=8$

$a=2$ なら $b=8$　　　　$c=2$ なら $d=7$

$a=3$ なら $b=7$　　　　$c=3$ なら $d=6$

$a=4$ なら $b=6$　　　　$c=4$ なら $d=5$

$a=5$ なら $b=5$　　　　$c=5$ なら $d=4$

$a=6$ なら $b=4$　　　　$c=6$ なら $d=3$

$a=7$ なら $b=3$　　　　$c=7$ なら $d=2$

$a=8$ なら $b=2$　　　　$c=8$ なら $d=1$

$a=9$ なら $b=1$　　　　$c=9$ なら $d=0$

これでみると $a+b=10$ であり，$c+d=9$ である．これが当て方かどうかがわかるか．

199,298,397,……

198,297,396,……

のそれぞれの特性は何か．

$a\times100+90+(10-a)=99a+100=99(a+1)+1$ であり

$c\times100+90+9-c=99c+99=99(c+1)$ である．

2)　第一の被乗数を1ずつ増すと，計算結果は乗数分ずつ増える．これは，第二の被乗数についても同様である．

3)　3)では594ずつ変っても変らないということは，99で割ったときの余りに関連している．試みに，53684を99で割ってみると $53684=99\times542+26$ となる．

すなわち，計算の答えを99で割ってその余りを答えとしている．ただ，99で実際に割り算をするのでは，手間が大変である．便法があるに違いない．その便法は，1) から示唆される．

198,297,396,……はいずれも99の倍数であるが，100の位の数字を消して，これを1位に加えるとみな99になる．

199,298,397,……はいずれも99の倍数に1を加えた数であるが，100の位の数字を消して，これを1の位に加えると100になり，また，その100の100の位の数字を消して，これを1の位に加えると1になる．一般にいえば，たとえば53684であれば，下から2けたごとにくぎり5|36|84|とし，$5+36+84=125$ とし，100以上となれば，また2けたごとに区切って1|25とし，$1+25=26$ とすれば，26になる． 9で割ったときの余りの求め方を2けたにしたものである．

4)　以上のことが正しいのは，100 進法で考えてみればわかるであろう．すなわち

$a\times 100+b=99a+a+b$ である．ここで $0\leqq b\leqq 99$ であるから，何けたの整数になっても，これを繰り返していけばよい．

演　習

1．次の模様は，課題①のどの型に相当するか．

(i)　L L L L…

(ii)　V V V V…

(iii)　V Λ V Λ…

(iv)　D D D D…

(v)　H H H H…

(vi)　L Γ L Γ…

(vii)　N N N N…

(viii)　b q b q…

2．次の二重数列にみられるパターンをできるだけ多くあげよ．そのパターンのうち，一つを基本にとって，残りをそれから導け．

1	2	3	4	5	6	7	8	9……
6	9	12	15	18	21	24	27	30……
27	36	45	54	63	72	81	90	99……
108	135	162	189	216	243	270	297	324……
……								

3．「かってな整数を考えて下さい．それを 100 倍して下さい．それから，198, 297, 396, 495, 594, 693, 792, 891 のうちのどれでも好きな数をとって，前の答から引いて下さい．いくらになりましたか．」と尋ね，答を聞いて，すぐにはじめに考えた数を当てることができる．どうやればよいのだろう．

4．課題④は，2 けたの整数をあてる仕組になっていた．3 けたの整数を当てるようにするには，設問の式

□□× a 9 b +○○× c 9 d

を，どう変えたらよいか．

証明への導入

背　景

正・負の数の乗法の定義の正当性，文字の使用，証明の意味と意義の三つは，小学校の算数から中等教育の数学へと進んだ生徒が出合う大きな学習の山である．この山をうまく乗り越えなければ，後の学習は，わけがわからないものになる．このうち，第一の障害は約束ごとの正当性であるから，これは一応かっこにくくって棚上げして先に進むことも可能であるが，あとの二つはそうはいかない．以後の殆んどの発展段階にこれが関与してくる．しかも，この二つは，初めに導入されたとき，きちんと理解しておけば，後々まで変らないといった性質のものではなく，その意味や意義は，学習が進むにつれて深化し，新たなものが加わるという長期な発展を伴うものである．ここでは，証明の導入について問題にする．

演繹論理も帰納論理もまた類比的な推論も素朴な形では小学校の時代から子どもの思考の中に表われている．それは，子どもたちの口喧嘩や，ゲームの遊び方を見ていれば観察し得ることである．トランプのゲームなどで相手の手の中を推論する場合に，「必ずあのカードを持っている．」と断定できる場合と「10中８，９あのカードを持っているに違いない．」と推測するだけの場合も，ときには区別している．中学で論証がはいる前の段階で，「……であるわけを説明せよ．」という語の用い方は，この帰納的な推論と演繹的な推論とを未分化の状態で用いているのである．したがって逆にまた，証明の導入というのは，新しく演繹論法を教えるというのではなく，未分化なものを分化させ，それぞれの働きの違いを何らかの形で意識して使い分けることができるようにすることであるともいえる．このことは図形の場合でも数量あるいは代数の場合でも基本的には同じであるが，代数の場合には，その過程が記号を規則に従って書き換えていくという中に隠れて自覚されにくいが，図形の場合は思考過程の記述が自然言語に頼り，記号の書き換え操作に頼る面が少ないことから，この過程の自覚に導きやすい．図形の指導において証明が導入される場合が多いのは，歴史的な伝統によることのほかにこれも大きな理由の一つである．ここでは，図形における証明への導入を主な問題とする．

数学における証明には二つの意義がある．一つは，数なり図形なりの今問題にしている対象についての新奇な命題がほんとにいつでもそうなるのかということをすでに知っている知識を総動員して行う証明で，三平方の定理や円周角の定理の証明がその例である．証明しようとする命題は，いわばビックリするようなもので，それがほんとだと確信する手段が証明である．もう一つの証明は，証明する命題自身はすでにわかっているものの，問題点はこれが他のもっと一般的な命題からの帰結であり，したがってこれを独立なものとして扱う必要はないことを明らかにするものである．自明と思われる二等辺三角形の底角の相等を，三角形の合同条件というもっと一般的な命題から導けることを示すのは，この例である．前者は，新しい，興味ある性質の探究の手段であり，後者は，理論体系全体の整合性と審美性を求める立場である．前者を**局所的論証**，後者を**体系的論証**（一つ一つの命題の証明についていうのでなく，証明を方法論の一つと見なしてその性格を論ずるときには，証明といわず，論証という語を用いることにする.）とよんでおこう．中等教育における幾何学は，経験空間のモデルとしての幾何学であり，いわば経験空間に対して自然科学的な立場で取り組んでいくものである．図形の面白い，あるいは有用な性質を探究していくのであって，そこで発見された諸性質を体系的に組み直すことは，後の段階の仕事である．

いいかえると，体系的論証ではなく，局所的論証を学ぶ段階である．体系的な論証をカリキュラムの中に取り入れるか否か，入れるとすればどう入れるかは，大きな問題である．導入を考えたカリキュラムもある時期には行われたが，その後は定着していない．

課　題

①　中学校の数学教科書のいくつかについて証明の必要性をどのような例を用い，どんな立場から説明しようとしているかを調べ，これについて意見を述べよ．

②　現在の中学校では，証明の基礎におく命題群には，「図形の基本性質」と

よんで，公理といういい方はしていないが，扱いは公理的である．どんな命題が基本となる図形の性質としてあげられているかを教科書について調べよ．また，その教科書での図形の扱いの中で，その「図形の基本性質」以外の図形についての命題を公理的に用いている個所がないかどうかを調べよ．

③　幾何の問題での図のもつ役割について述べよ．図は解答に不可欠のものか．

④　自分の学習を反省してみて，証明を考える際に陥りがちな形式論理上の誤りをあげよ．

⑤　課題④のような陥りを防ぐうえでの一つの工夫は，はじめに，問題の仮定と結論をはっきりさせておくことであるといわれている．しかし，“A ならば B”という形に表わされていない命題，たとえば“二等辺三角形の二つの底角は等しい”の場合には，どうしたらよいか．

解　説

①　昭和 56 年度から実施された学習指導要領に基づく検定教科書でみると，大きく分けて次の二つのアプローチが見られる．その一つは，三角形の内角の和や二等辺三角形の性質など，すでによく知っている，あるいは，直観や実験から正しいとすぐわかる性質をとりあげるもの．もう一つは，新奇な場面，たとえば星形図形の頂角の関係を提示して，そこにおける関係を，いろいろな図について発見させ，すでに用いた以外のどんな図でもそれが成り立つか否かを問題として証明にはいるもの．

どちらも，実験や直観では，試料として用いた図では正しくとも，**どんな場合にも**そうなるかという点には，問題が残るのに対し，証明によるときは，基にした命題がどんな場合にも成り立つと認める限り，証明した命題はどんな場合にも成り立つと断定できる，として説明している．どんな推論形式が証明という名に値するかについては，“筋道を立てて（あるいは“理づめで”とか“きちんと”とか）説明すること”としてくわしくいわず，後の学習に残している．証明は，一般性のある主張をするための方法として，その必要性を導入している．

“どんな場合にもほんとにそうか”という問題意識をもたせるには，新奇な場面の方が効果がある．しかし一方この導入以前に学んでいる利用しうる図形の性質はそんなに多くはない．しかも，あまり性質の発見に手間がかかるようでは授業の展開はうまくいかない．自明ではなく，新奇であり，一方それほど手間はかからない場面を教師が見つけることは，それほど容易ではない．教科書では，角に関係した問題が多く用いられているのは，このためであろう．

② 課題①で調べたのと同じ教科書について見ると，大体は，どの教科書も同じである．共通にあげているのは，次の四つである．

1．平行線の性質（同位角が等しい，鋭角が等しいなど）

2．平行線となるための条件（上記の逆）

3．三角形の合同条件（2辺とそのなす角，2角と1辺，3辺）

4．三角形の相似条件（2辺とそのなす角，2角，3辺）

一部の教科書では，この四つを基本性質としているが，他の教科書では，これに証明ずみではあるが基本的なものとして，対頂角の関係，三角形の内角和，二等辺三角形の底角定理，直角三角形の合同条件の一部または，全部をいっしょにまとめているものもある．

上記の性質以外で証明の中で暗黙のうちに用いている公理的なものを探すため，理論的にまとめた公理系を参考にするとよい．本シリーズの中の幾何（栗田稔著）の公理系を平面幾何の部分について，摘記してみると次のようになっている．

(I) 2点を通る直線は一つあって一つしかない．

(II) 直線はすべて数直線である．

(III) 平面は点の集合とし，その上の直線によって二つの側に分かたれる．

(IV) $\angle \mathrm{AOB}$ に対して，その大きさとして実数が対応し，$m(\angle \mathrm{AOB})$ で表わすと，次のようになっている．

(a) 平角 $\angle \mathrm{AOA'}$ 内に任意に引いた半直線 OB の集合と実数の集合 $\{x \mid 0<x<180\}$ とは1対1に対応する．このとき対応する数が $m(\angle \mathrm{AOB})$ である．

これは OA をもとにして定めたが OB をもとにしても同じとする．

また平角の大きさは 180 とする．

(b) $\angle \mathrm{AOB}$ 内に半直線 OC を引くとき，

$$m(\angle \mathrm{AOC})+m(\angle \mathrm{COB})=m(\angle \mathrm{AOB})$$

（Ⅴ）　任意の平角$\angle AOB$を，任意の平角$\angle A'O'B'$に重ね合すことができる．ここで，OはO′，辺OAはO′A′，辺OBはO′B′に重ねるものとする．

（Ⅵ）　直線の上にない点を通って，この直線に平行な直線は一つしかない．

公理（Ⅱ）は小学校以来親しんでいる線分の長さを測る学習の中に含まれ，公理（Ⅳ）は同じく角の学習に含まれており，中学生にとっての線分や角の概念の一部となっているといえる．その意味で，ここではこれを除いておく．公理（Ⅴ）は基本性質3に，公理（Ⅰ），（Ⅵ）は基本性質1，2の中に吸収されていると見てよい．残りは，公理（Ⅲ）であるが，これは，基本性質1，2，3，4のどれとも関係していない．この公理が関係するのは，辺，角の大小関係や，直線上にない4点の配置の仕方にかかわるものである（前掲『幾何』の25～36ページ参照）．たとえば，中学三年にある二円の位置関係の議論では，三角形の2辺の和が第3辺より大きいことを用いるが，これは暗黙裡に前提していることの一例である．また，円周角の定理の証明で，場合を三つに分ける必要がでてくるのも，実はこの公理が関係してくるからである．

③　体系的論証の段階では，図はわかりよく伝えるための手段であって証明の不可欠な部分ではない．それゆえ，いい加減に，フリーハンドで書いた図でも，また極端には図はなくとも，証明の正否には関係しない．

ときとしては，背理法を用いる場合の図のように，正確でない図の方が理解しやすいことさえある．

局所的論証で，経験科学的な立場から図形の性質を探究する学校数学では，別な考えが必要である，第一に，課題②で考えたように公理（Ⅲ）は明示されていない．このことは，点の配置によって証明なり，命題なりが異なる（たとえば和が差になる）場合に，その場合を分ける論理的根拠がない．したがって，図で示して場合を限定することが必要で，この場合，図は問題条件の一部である．問題を与える場合には，図を示して，「右の図において」というようないい方で，条件を限定する配慮が必要である．

第二には，教育的な見地からの必要性である．問題に示したような手順で図を書いていくことによって（少なくともそれを想像することによって），はじめて，条件と結論の分離が明確になる．教科書などでの慣行のように，問題ごとに完全な図を示すことは，この意義に反する．そのような図では，条件と結論

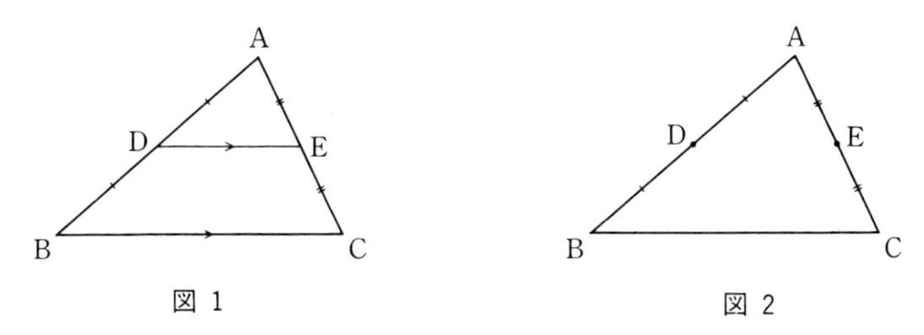

図 1　　図 2

とは分離されずに，共存しているにすぎない．たとえば，三角形の中点連結定理の図として**図 1** のような図を示した場合には，図から分かることは，AD＝DB, AE＝EC, DE // BC, $DE=\frac{1}{2}BC$ となっているということである．AD＝DB, AE＝EC ならば DE // EC, $DE=\frac{1}{2}BC$ ということを示すならば**図 2** のように点 D, E は結んでおかず，生徒が自分で結んで考える余地を残しておくべきである．

問題の条件に示すような手順で図を作っていくと，いやおうなしに，結論で述べていることが成り立っていると認めたときに，問題の把握が完成するといってよい．

問題の意味や考え方がはっきりしない場合，いろいろな図を書くこと，とくに極端な場合や特別な場合を含めて図をいろいろに書く（あるいは想像する）ことは，有効な手段である．これによって何が可変的であり，何が本質的かの区別がついてくる．この場合に，問題となる点に関係する部分がはっきり区別されて図に現われるよう工夫することも必要である．生徒が犯しがちな誤りの一つは，一般的な場合の図を書かずに，特殊な条件下の図を書いてしまい，その図にひかれて誤った推論をしたり，とまどってしまうことである．一般の三角形について問題にしているのに，すわりがよいので二等辺三角形を書いて考えるなどこの例である．こうした誤りを防ぐにも何が可変的なものかをいろいろな図を書くことではっきりさせることが役立つ．問題に図を添えて課すことは，上のような学習の機会を奪うことになりかねない．図を添えるか否かは，よく考えて計画すべきである．

④　おもな誤りの型として次のようなことは，数学の勉強をした過程で何回か経験していることであろう．

1. 仮定していない条件を知らずに用いる．これは幾何の場合多く図にひきづられて犯す誤りである．しかしそうでない場合にも類似した問題の記憶が誤った作用をしてこうなる場合もある．

2. 未証明の定理を用いる．その定理の証明に，当面の問題がその根拠となっていなければ，全体的な論理のうえでは，これは誤りとはいえない．しかし，証明の責任を他に転化させただけのことである．その定理が教室の仲間に承認されていなければ，教室での証明にはならない．その定理の証明に，当面の問題が含まれる場合にはこれは一種の循環論法で誤りである．

3. 証明の中で，証明すべき結論を根拠として用いる．これは，局所的な循環論法であるが，その背後にある誤った気持は，次のものと同じ根をもっているといえよう．

4. 一つの命題とその逆の命題とを混同する．このことは，単純な例ではすぐ納得できることでありながら，少し複雑な文脈の中では，混同が起こりやすい．むしろ熱心にあれこれ考えていくうちに，ついそう思いこむという実例を多く経験する．とくに問題を結論の方からさかのぼって考えているときに起こる．また，これは必要条件と十分条件との混同とも同じことである．

⑤ 論理学では“AならばBである”という命題を扱うのに，これを“すべてのxについて，xがAであれば，xはBである”という形に直して考えることが多い．**この x に相当するものを取り入れる**ことが，一つの方法である．例でいえば“(すべての三角形について) △ABCが二等辺三角形ならば”という形にする．もう一つは，これに**Aに当る概念の定義を入れて**，文面から二等辺三角形を取り去る．すなわち“△ABCで，AB＝ACならば”とする．こうするとこの場合，仮定はずっと述べやすくなる．

演　習

1. 三角形の一つの辺の長さは，他の二つの辺の長さより小さいという定理の初等幾何による証明(たとえば，栗田著『幾何』33～34ページ)を検討し，どんなところに公理(III) が用いられているかを明らかにせよ．

2. (1) 平面上に直交座標を設けて考えれば，上の不等関係は，次の三角不等式といわれる代数的な不等式に帰着する．この不等式を証明せよ．

$$\sqrt{(x_1-x_2)^2+(y_1-y_2)^2} \leqq \sqrt{x_1{}^2+y_1{}^2}+\sqrt{x_2{}^2+y_2{}^2}$$

（2）　座標平面で2点間の距離を表わす公式は，三平方定理を基にしている．三平方定理の証明のどこに公理(III)が関係してくるか（もし，公理(III)が関係してこないなら，座標解析幾何は，ユークリッド幾何より広い幾何になる．なぜなら距離の式からすべてのことが導けるはずであるから）．〔ヒント：直角の斜辺に下した垂線の足の位置について考えてみよ〕．

3．　図を正確に書くことが大切であることを示す教材として，次のようなトリックがよく用いられている．

1辺の長さが8である正方形を**図3**のように四つに切って，**図4**のように並べてかえて長方形を作ると，正方形の面積は$8\times8=64$で，長方形の方は$13\times5=65$で$64=65$となる．おかしいではないか．

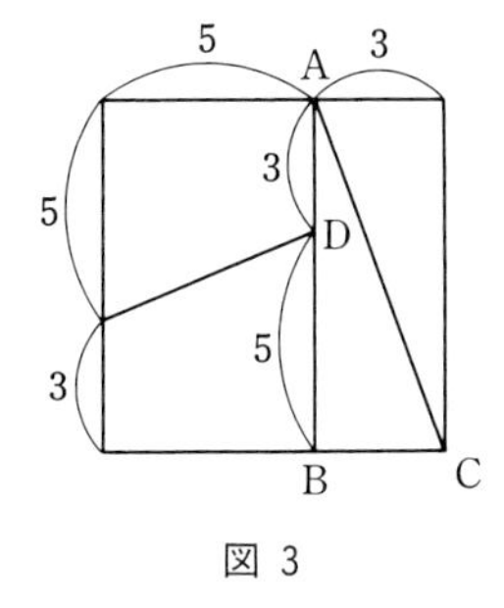

図 3

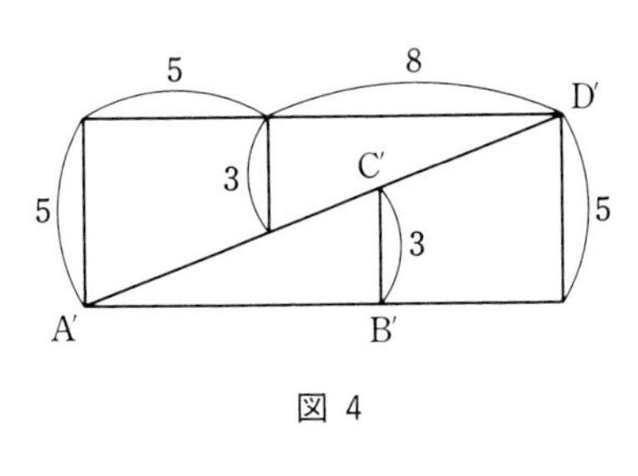

図 4

（1）　このトリックでは図4の点C′が対角線A′D′に極めて近いところにその鍵がある．どのくらい近いかを計算して示せ．

（2）　用いている長さは3，5，8，および13でこれはフィボナッチの数列($x_1=0$，$x_2=1$，$x_{n+1}=x_{n-1}+x_n$で定義される数列)の第5，6，7，8項である．フィボナッチ数列の第6，7，8，9項を用いても同じようなトリックが作れることを示せ．もっと一般化できるか．

（3）　フィボナッチ数列のどんな一般的な性質が，利用されているのか．

4．「3の倍数と3の倍数の和は3の倍数である」ということをある生徒は，次のように説明した．

「3の倍数は，nを整数として$3n$で表わされる．だから3の倍数と3の倍数の和は$3n+3n$で$6n$となり，$6n=3\times 2n$で$2n$が整数だから，これはやはり3の倍数である」

この説明について意見を述べよ．

余　談

図形の基本性質を列挙させるとその中に，定義そのものを含めてあげる例がよくある．たとえば，平行な2直線の性質として交わらないことをあげるのがその例である．もちろん，これは2直線の平行を等角性や等距離性によって定義したときは，それでよいのであるが，普通教科書では交わらないというのは平行の定義である．

論理的にいえば，定義と性質とは区別され，前者はいわば約束ごとであり，後者は，その約束に基づいた命題である．しかし，論理的扱いが初歩的な段階にあるとき，そうしたからといって誤りであるときめつけることはできない．生徒の頭の中に，平行な2直線についての直観的なイメージがしっかりとあり，生徒がそのイメージのもつ性質を言明しているのだとすれば，経験科学的な立場では，それはそれなりに意味のあることである．定義と性質とは論理上区別されるべきで，何を定義とし，何を性質とするかは，議論をする人の選択にまかされているということは，ある段階になってはっきり教えるべきことの一つで，学習のはじめの段階から期待すべきことではないであろう．

定義と定理という二つの語はともに定の字がついてどちらも同じように客観的なものと思われがちであるが，定理という語には，ある体系の中で真である命題という以上に，その体系の中で重要であるという含みをもっており，重要かどうかは，体系の作り方に関係し，価値判断を含み，その意味では主観的である．

図形の相似

背景

このテーマは，当初，“証明への導入”の項の余談の内容とするつもりであったが，考えているうちに，内容が多くなってきたので，改めて一つの題目としてまとめることにしたものである．

ここでは，現行の日本の中学校のカリキュラムでは，三角形の相似条件を公理的なものとして扱い，証明された定理としては扱っていないが，何故そうしているのか考えてみることにする．

同じ形の図形を同じ形と認めることは，子どもの発達の早い時期から始まっている．それは，同じ形であれば，大きさが違っても，同じ意味をもつという人間の環境（たとえば，商標や標識，あるいは文字の使用）に育ったことが大きく影響していた結果に違いない．三角形の相似条件を定理として証明する場合には，一方の三角形と相似で，1辺が他方と同じ長さの相似三角形を作図し，これと他方が合同になることを合同条件によって導くのがふつうである．しかし，これが証明であるということは，上記のような背景から生徒には納得しにくく，当然のことを言い換えただけと受け取られがちである．他の局所的論証の場合のように，なるほどこれでよくわかったという感じは少ない．相似の定理の威力は，これをいろいろ活用できるところにある．わかりにくい証明を証明としてわからせるよりは，その活用に力を入れたいというのが，これを公理的に扱っている理由であろう．公理的といっても，多くはその前に，図形の拡大・縮小の作図を扱い，また相似条件を三角形の作図から考えさせるなど，実質的には証明と同じ筋道を通って相似条件に導いているのがふつうで，ただこれを証明として形式化していないだけである．

体系的論証の立場からは，相似の理論の出発点は，平行な2直線で，交わる2直線を切ったときにできる線分の間の比例関係で，いわゆる比例線の定理である．今の行き方は，これを相似条件を用いて証明するが，相似な図形の存在を相似の位置を利用した拡大・縮小によって導入した場合は，大局的には循環論になりかねない．

課　題

① 2直線 l，l' の一方 l 上の点Pから，l' と異なる定直線 k に平行な直線を引き l' との交点をP′とする．f：P → P′ を直線 k による平行投影と呼ぶ．これについて次の問に答えよ．

（1） l 上で線分ABと線分CDの長さが等しければ，l' 上でのその像である線分A′B′と線分C′D′の長さは等しい（すなわち l 上の長さ x の線分に対応する線分の長さは，x の関数であって，もとの線分の位置にかかわりない）ことを証明せよ．

（2） （1）のかっこ内に述べた関数を $F(x)$ とするとき，$F(x+y)=F(x)+F(y)$ であることを証明せよ．

（3） $F(x)=kx$ となることを示せ．

② オランダの数学者であり，数学教育学の開拓者でもあるフロイデンタール教授は，その著書『数学的構造の教育学的現象学』* (1983，D.Reidel出版)において，相似変換を「等しい長さの線分を等しい長さの線分に移す変換」と把えるのが，一番本質的だと述べている．

いま，$R^2 \to R^2$ の写像 f による R^2 の点Pの像にはP′と′をつけて，その対応を示すことにする．すると上記の条件は，

　　AB＝CD　ならば A′B′＝C′D′

と表わせる．この f について次の各命題を証明せよ．

（1） R^2 の異なる2点をA，Bとするとき，

A′＝B′（同じ点）ならば，R^2 のすべての点はA′に移される．すなわち f は定値写像である（（2）以下では，f はこのような定値写像ではないとする）．

（2） f は，直線を直線に移す．

（3） AB＞CD ならば A′B′＞C′D′．

（4） 長さ x の線分の f による像の線分の長さは，x の関数である．これを $F(x)$ とすると

$$F(x+y)=F(x)+F(y)$$

* H.Fredenthal：Didactical Phenomenology of Mathematical Structures.

である（“比例の項”で述べたように，これにより $F(x)=kx$ となり，f が一対一対応で，ふつうの意味での相似比が k である相似変換となる）．

解　説

① （1）の証明は，図1のように，通常の比例線の定理の証明と何ら変わりはない．A, C から l' に平行線を引けば，平行四辺形の性質と合同条件に帰着する．

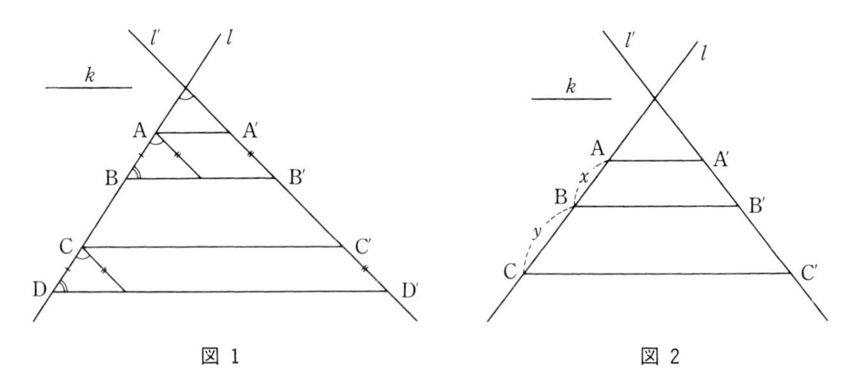

図 1　　図 2

（2） 直線 l に3点A，B，Cをこの順にとり，AB，BCの長さを x，y に等しくとれば（図2参照），ACの長さは $x+y$ であり，したがってこれらに対応するA′B′，B′C′，C′A′ の長さは，それぞれ $F(x)$，$F(y)$，$F(x+y)$ である．A′，B′，C′ がこの順に並べば，$F(x+y)=F(x)+F(y)$ となる．この順序のことは，次のように証明への導入の項で述べた公理（III）がもとになる．すなわち，Bは，ACの間にあり，AA′∥BB′∥CC′であるからA′はAと，C′はCと，それぞれ直線BB′の同じ側にある．したがって，A′ とC′ は直線BB′ の反対側にあり，A′C′ とBB′ の交点B′ は，線分A′C′ 上にある．

（3） 上記の議論で x も $F(x)$ とともに正の数である．したがって $F(x)$ は単調関数で，比例の項で述べたことから $F(x)=kx$ となる．

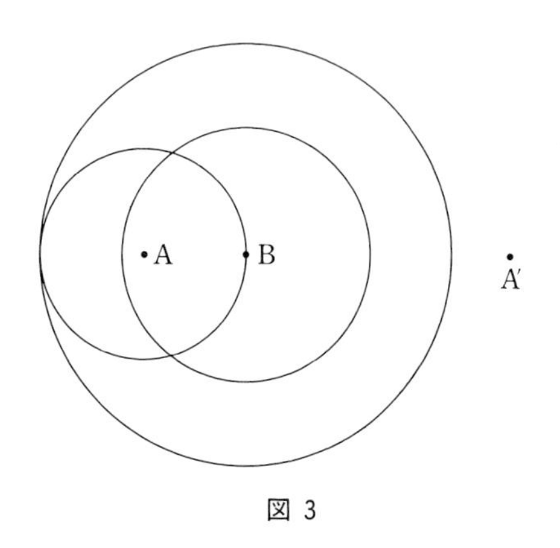

図 3

② （1） これは，相似比0の場合の特例を除くためのものである．図3

のように，A を中心として BA を半径とする円周を考えると，この円周上の点 P については AP＝AB だから，P の像も A′ となる．B と P も円周上の点で，ともに A′に移されるから，B を中心として BP を半径とする円周上の点も A′ に移される．したがって B を中心とし，半径 2 AB の円の周および内部の点は A′ に移される．このように A′ に移る点の範囲は，だんだんに拡大していくことができ，全平面を覆うことになる．

（2） 直線 l 上に 3 点 A, B, C をとり，A で l に垂線を立て，その上に l の両側に AP＝AQ となる点 P，Q をとる（図 4 参照）．すなわち l が PQ の垂直 2 等分線となるようにする．この 5 点 A，B，C，P，Q の像を考えると，

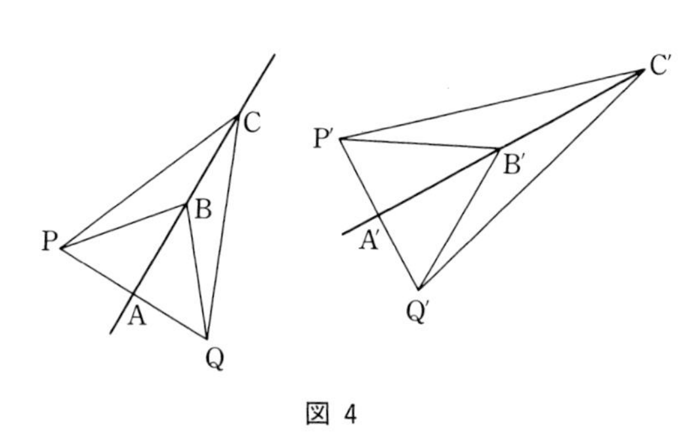

図 4

AP＝AQ，PB＝QB，PC＝QC であるから，A′P′＝A′Q′，P′B′＝Q′B′，P′C′＝Q′C′，で P′，Q′ は一致することはない．ゆえに，点 A′，B′，C′ は一直線 l' 上にある．l' 上のどの点も像になりうることは，（4）まで進めば明らかになる．

（3） Rを直角の頂点とする直角三角形 PRQ を作り，PQ＝AB，PR＝CD となるようにする（図 5 参照）．これは AB＞CD であるからつねに可能である．PQ の中点を M とし，P，Q，R，M の像を考える．（2）により P′，M′，Q′ は一直線上にあり，PM＝QM＝RM であるから P′M′＝Q′M′＝R′M′で P′，Q′，R′ は異なる点である．ゆえに△ P′R′Q′は R′を直角の頂点とする直角三角形で，したがって P′Q′＞P′R′

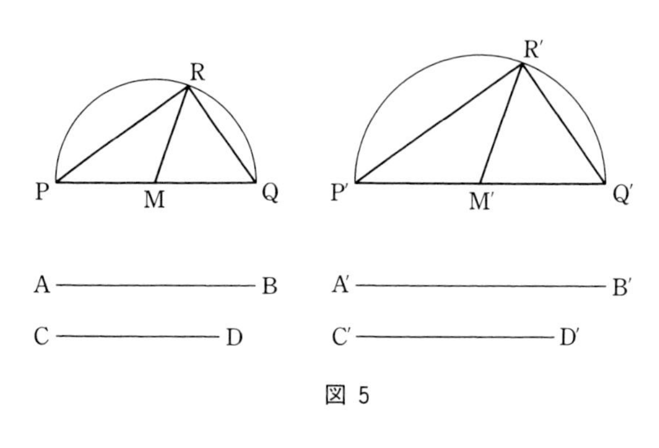

図 5

しかるに AB＝PQ，かつ CD＝PR であるから A′B′＝P′Q′，かつ C′D′＝P′R′．

したがって A′B′＞C′D′

（4）　一つの直線上に 3 点 A，B，C をこの順にとると，これに対応する点 A′，B′，C′ も一直線にこの順にある．一直線上にあることは(2)ですんでいる．A，B，C がこの順にあるとすれば，AC＞AB でかつ AC＞BC である．したがって A′C′＞A′B′，かつ A′C′＞B′C′．これは A′，B′，C′ がこの順にあることを示す．AB，BC の長さを x，y とすれば AC の長さは $x+y$ で，A′B′，B′C′，C′A′ の長さは $F(x)$，$F(y)$，$F(x+y)$ となるが，B′が A′C′上にあるから

$F(x+y)=F(x)+F(y)$．かつ $F(x)$ は単調である．

これから $F(x)=kx$ が導かれる．

R^2 で直交座標を考えれば，直角は直角に移り，長さは k 倍になるから，座標の間の変換式は $X=k(x-a)$，$Y=k(y-b)$ となり，逆の対応もこれから簡単に導かれる．これで保留しておいた(2)の終りのことが説明された．

演　習

1.　相似の条件を認めれば，座標平面上で，直線の方程式が一次方程式になることが導かれ，直線が分ける側を，その方程式をもとにした不等式で定義できる．その場合に，公理（III）は，代数的に証明できることを次のようにして示せ．

（1）　直線の方程式を $ax+by+c=0$ とし，$ax+by+c>0$ を満たす点 (x,y) をその正の側，$ax+by+c<0$ を満たす点 (x,y) の集合をその負の側と名づける．

2 点 A，B を同じ側にとるとき，2 点を結ぶ線分上の点（すなわち 2 点を $t:(1-t)$　$(0\leqq t\leqq 1)$ に分ける点）も同じ側に属する．

（2）　2 点 A，B を反対側にとるとき，AB を結ぶ線分は，はじめの直線と交わる．

2.　図形 F を 1 点 A を中心として p 倍に拡大して図形 F′ をつくる(すなわち F 上の任意の点 P に対して $\overrightarrow{AQ}=p\overrightarrow{AP}$ となる点 Q を作り，この対応による F の像を F′ とする)．図形 F′ を A とは異なる点 B を中心として q 倍に拡大した図形を F″ とする．図形 F″ は図形 F をある定点 C を中心として拡大したものになっていることを示せ．

3．同じ地方の縮尺の異なる2枚の地図を，上下に重ねるとき，同じ地点を示す図上の点が上下で重なっているところが必ずあることを示せ．縮尺が等しい場合はどうなるか．

余　談

演習1にあるように，三角形の相似条件を公理的なものと認める場合には，これで公理(III)も論理的にカバーされたと考えることもできる．“証明への導入”の項の82ページにある現行の基本性質のまとめ方の一つの背景がここにあるとも解釈できる．合同を含めて相似の理論と，三平方の定理は，中学校の数学から，高校，大学と進んでいく数学の不可欠な基礎だといってよい．平面幾何の内容をうんと精選するとしても，この二つは残らざるを得ないであろう．しかし，一方，この二つの活用を中心のねらいとするならば，現在のような扱いには多分に改善の余地があるように思われる．そのおもなものは，比例式の扱いを伴うものである．代数・解析的な方の内容では，関数的なアプローチが中心となり，四つの数の関係である比例式は，変数の関係である関数的な比例にとってかわられた．幾何の方でテーマの取り上げ方が，二つの三角形の関係を中心とする限り，関数的な比例よりは，4数関係の比例式の方が当面の必要にかなう．現在の扱いでは，比例式のことを相似の学習の前あるいは途中に扱って補っているが，全体のアイデアの流れとしては，木に竹を継ぐような感じが残っている．課題①のようなアプローチがいずれは採用されるのではあるまいか．

課題①や②では，図形についての写像から，長さという数についての関数を導いている．長さは，線分を合同という同値関係で分けたときの同値類であり，写像によって，合同なものが合同なものに移る，すなわち合同を保存するとき，これによって，合同類の間の新しい写像（この場合は関数）が誘導される．この考え方は，数学の中で繰り返し用いられる構成法である．

空間の想像力

背　景

空間の想像力とか空間的直観とかいうのはどんなことを指すのか．これはいろいろな学者がむずかしい議論を展開してるようだが，ここでは，主として教育的な立場から，次のように考えておくことにしよう．

1．経験的な世界に，抽象的に構成された幾何的な対象や関係と局所的に同型なパターンを同定できること．

真直な鉄道線路を見て，「ああ，ここに平行な2直線があるなあ．」と見とることがその例である．

2．頭の中で図形を考え，それに幾何学的操作を施した結果を，模型や図を用いずに想像できること．

目を閉じて正四面体を思い浮べてほしい．1頂点に集まる三つの辺の中点を通る平面で，これを切り頂点のあった側を切り落とす．これをどの頂点についてもやってみる．残った立体はどんな立体になるだろうか．

正三角形なら，残った図形はやはり正三角形である．正四面体ならやはり正四面体になるのだろうか．

頭の中だけでむずかしかったら，見取り図を書いて試みてほしい（ここではわざと図をつけない）．

答は正八面体である．こんなときの頭の中で進んでいく過程が，空間想像力の重要な側面の一つである．

ここでいう幾何学的操作というのは，広義なものであるが，学習に伴って豊かになっていく性質のもので，天与のものではない．一つの図形から，もう一つ別の図形を幾何学的に構成することをさし，次のように区別される．

a．三次元の図形から三次元の図形へ

面対称移動や点対称移動のような合同変換をはじめ，体積を考えるときなどのように，二つあるいはそれ以上の立体に分割したり，これをくっつけ合わせたりする操作，また，マッチ箱を少し圧してつぶしていくようなズラシ移動，粘土細工のような変形などがこれに含まれる．

b．三次元のものから二次元のものへ

立体を一つの平面で切ってその切り口の図形を考えたり，立体の各点を通って定方向の1直線を引き，その直線群を一つの平面が切ってできる断面の形を考えたりすることはよく行われることで，これは三次元の図形から二次元の図形を作り出す操作である*．多面体を平面上に転がして，その展開図を考えるのもこの範疇に入る．

曲面に対して，他の曲面や平面との交わりの線を考えることは二次元のものから一次元のものを作る操作であるが，これもここに含めておく．

c．二次元のものから三次元のものへ

長方形の板をその一辺を軸として回転させれば，直円柱ができ，また円板をその直径を軸として回転させれば，球ができる．また長方形の板をその平面上にない直線の方向に移動していけば，四角柱ができ，円板を同じように移動すれば，円柱ができる．このように回転体を作ること，平行移動で柱体を作ることは，二次元の図形から三次元の図形を作る重要な操作である．また平行移動の場合には平面図形内の各点を通って定直線に平行線を引き，その平行線の集まりを考えても同じことになる．平面図形の周を考えれば，このような平行線の集まりとして柱面が得られる．これは一次元から二次元への構成であるが，b.と同様ここに含めておく．柱体，柱面の構成における平行線の代わりに，定点を通る直線群を考えると，ここに錐体，錐面が生まれる．

また，平面上で示された図から，空間の図形を想像するのも，ここに含まれる重要な一面で，投影図を読んだり，展開図から立体を組立てたり，折り紙の折り方を読んで，その通りに折ったりするのがその例である．影絵の遊びは，組合せた指からb.の過程で影を映すことで遊んでいるといえる．

3．空間で，いろいろなところに基準点と基準の方向を移して考えられること．

地下鉄で，改札口を出て，地上のよく知っている出口に出ようと思ってもな

* この考えを系統的に発展させ，伝達の共通な手段として体系化したものが，投影図法である（“見取り図”の項参照）．

かなか方向がはっきりしない．二次元の世界での方向づけはまだやさしいが，三次元の世界での方向づけは習練と分析を要する．プラモデルの組立図を見て，どの部品をどの位置につけるかがわかっても，左向きか右向きかの別には迷うことがよくある．われわれは，本来は，重力の方向による経験空間での方向づけとは独立な幾何学的な空間について考えている場合にも知らずに，経験空間の方向づけに支配されていることが多い（台形や角錐台などでの上底，下底という用語もその例）．字義にとらわれずに意味がとらえられることは，いわば，視点を自由に動かして物を見るということで，想像力のもう一つの面である．

以上のような空間想像力は，実生活のうえでも必要なことであり，数学科の教育だけが受け持つものともいえないが，数学の学習にとっても重要なものであるといえよう．

課　題

① 光と影が作る形には，いろいろな幾何図形が見られる．次のような図形はどんな場合に見られるか．

a．平行四辺形（ただし長方形でないもの）

b．楕円（ただし，円でないもの）

② 地面に立てた棒の影の先端は，一日の中にどんな曲線を描くか．

③ スポットライトに照らされて舞台の正面が円形に明るくなっている．スポットライトの向きや位置を変えたらどんな曲線が見られるか．

④ 直円柱を平面で切断して展開すると，切り口の曲線は，どんな曲線になるか．

⑤ 立方体について，次の問に答えよ．

a．対角線の方向から見た図，および対角面に垂直な方向から見た図を書け．

b．対角線を軸として回転してできる立体の見取図を書け．

c．立方体の一辺を a として，b.の立体の体積を a で表わせ．

解　説

① a．窓から太陽の光がさしこんでくる．このとき，長方形の窓わくを考えれば，そこに四角柱ができ，窓わくの向い合う辺が平行だから，四角柱の向い合う側面も平行である（図1）．これを床の平面で切った切り口は窓わくの影となり，これは平行四辺形である．日の当るところで，長方形の下敷で光を

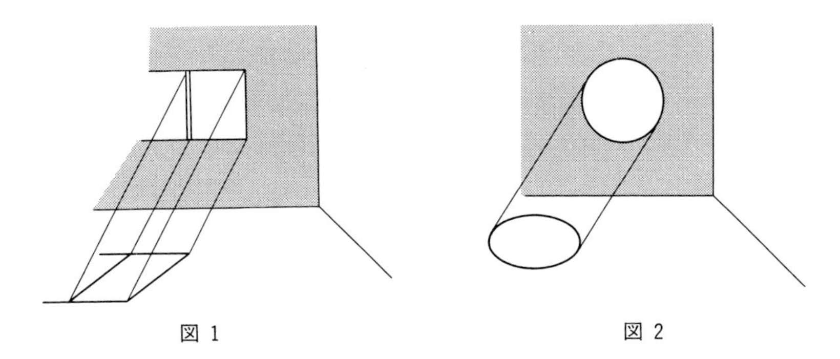

図 1　　　図 2

さえぎり，障子に影を映しても同じことである．影の映る平面が，窓わくや下敷の平面と平行であれば，影は長方形であるが，それ以外は一般には長方形とはならない（“一般には”といったのは，平行でなくとも影が長方形となる特別な投影面の向きが一つあるからである．どんな向きかを考えてみよ.)．

b.　上と同じような状況で，円形の窓(これは船窓以外にあまり見られない)あるいは円形の下敷（お盆でよい）を考えればよい（図2）．

②　太陽は天球上を円を描いて日周運動をしていると見なされる．棒の先端と，この円の周上の点を結ぶと，円錐ができ，棒の端の影は，この円錐の母線と水平面との交点で，影の先端の描く軌跡は，円錐とこの平面との交わりである．日の出，日の入りには，交点は，無限の遠方にゆく（図3）．このときは，交線は，双曲線の一方の分枝となる．南極圏，北極圏にあって，白夜が起こるときは，交線は，閉じた曲線となり，楕円である．その二つの場合の境目では，放物線となることもあり得るわけである．

③　舞台の正面が円形に照らされていることから，スポットライトの光束は，円錐になっているものと見なすことができる（図4）．したがって，投影面をいろいろな位置におけば，照らされている部分を囲む曲線は，円，楕円，双曲線，放物線，あるいは，これらの一部のどれに

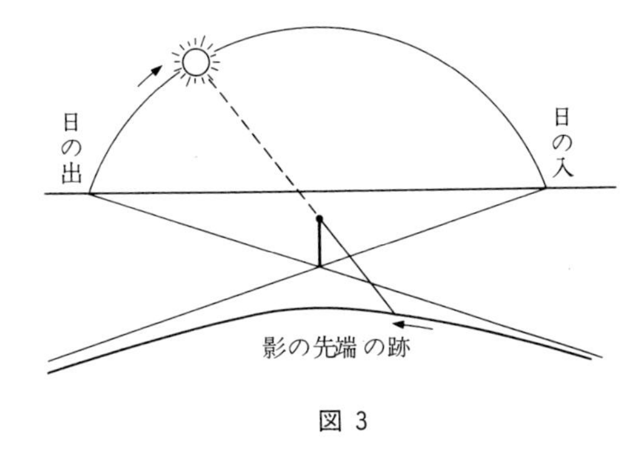

図 3

もなり得る（図４）．

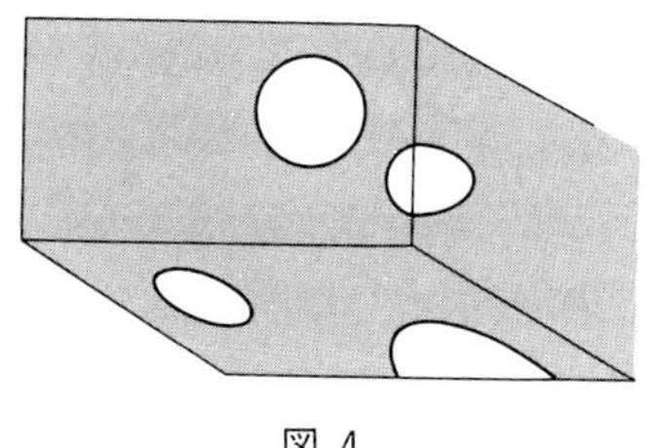
図 4

④　切り口の曲線が楕円となることは，楕円が円を一方向に縮めた図形であることからすぐわかる．この切り口をはさむ円柱の二つの直截面を考え，これを展開したところを想像してみると，切り口の曲線は何かなだらかな山形の曲線となると想像される．直截面の円周上の切り口との接点から弧に沿って測った長さを x，長さ x の点から曲線までの長さを y とすると，y は x の関数であって，$y=f(x)$ の xy 平面におけるグラフが切り口の展開図になる．$f(x)$ の形は，次のような投影図（図５）を考えてみれば，すぐにわかるであろう．切り口の展開図は正弦曲線である．正弦曲線と楕円とがこんな形で関係していることは面白いことである．

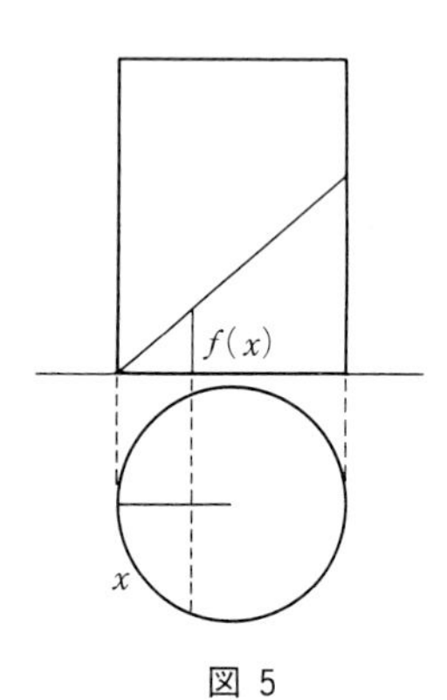

図 5

⑤　a．第１の図は図 6-1 のように正六角形を中心から３等分した形，第２の図は，２辺の比が $1:\sqrt{2}$ である長方形に長い方の辺の中点を結ぶ線分を加えた図（図 6-2）になる．

b．見取り図は，どんなになったか．上，下に円錐がついて，その間を鼓の形でつないだものになる．まん中が滑らかにくびれることを確認してほしい．

c．立方体の頂点に図７のように名前をつけたとすると，平面 A′BD，CD′B′ はともに対角線 AC′ に垂直で，AC′ がこれらの平面と交わる点を E，F とすると，AE＝EF＝FC′ であり，$AC'=\sqrt{3}\,a$ であるから，これら３線分の長さは $\sqrt{3}\,a/3$ である．また点 E，F は正三角形 A′BD，CD′B′ の中心であるから，$BE=CF=\sqrt{2/3}\,a$ である．したがって，AE，C′F を軸とする円錐の体積 V_1 は，

$((\sqrt{2/3})^2(\sqrt{3}/3)/3)\pi a^3=(2\sqrt{3}/27)\pi a^3$ となる．

中間の回転体は線分 BC が回転したものと見られ，B および C の位置を図 6-1 で考えてみれば，AC に垂直な平面上でいつも 60° ずれて回転していることになる．便宜上 $EF=2p$，$BE=r$ とし，EF の中点を原点，直線 AC′ を z 軸とす

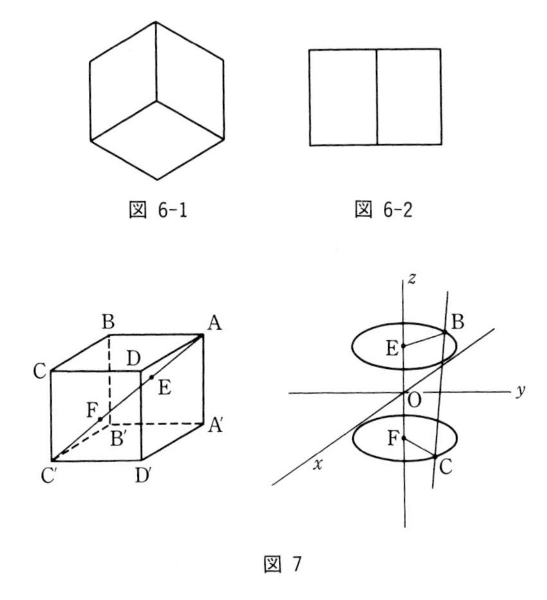

図 6-1　　図 6-2

図 7

る座標系を考えれば点 C，B の座標は，それぞれ $(r\cos\theta,\ r\sin\theta,\ -p)$，$(r\cos(\theta-60^\circ),\ r\sin(\theta-60^\circ),\ p)$ となるから，直線 CB 上の点の座標を $(x,\ y,\ z)$ とすれば

$$\begin{cases} x/r=t\cos\theta+(1-t)\cos(\theta-60^\circ) \\ y/r=t\sin\theta+(1-t)\sin(\theta-60^\circ) \\ \quad z=-pt+(1-t)p \end{cases}$$ となる．

これから t，θ を消去すれば

$$(x^2+y^2)/r^2=(3p^2+z^2)/4p^2$$

となり，曲面は，一葉双曲面であることがわかる．

これの $z=p$ から $z=-p$ までの間の体積は，積分計算より求められる．

すなわち

$$V=2\int_0^p \pi(\sqrt{x^2+y^2})^2 dz$$

$$=\frac{\pi r^2}{2p^2}\int_0^p (3p^2+z^2)\,dz=\frac{5}{3}pr^2\pi=\frac{5\sqrt{3}}{27}\pi a^3$$

ゆえに答は $\sqrt{3}/3\pi a^3$．

余　談

5.のa.に出てきたような2辺の比が1：$\sqrt{2}$ である長方形の形は，紙の仕上げ寸法の日本工業規格（JIS）にも用いられていて，規格版の形といわれている．この形は，横に2つ折りにしても，もとと相似になるという特徴をもっている．そして，寸法は，A列，B列の2系列になっていて，それぞれに0番から10番まで番号が付けられていて，番号が一つ進むと大きさは半裁される．A列0番の面積は1 m^2，B列0番の面積は1.5 m^2 である．これから，各列各番の縦横の寸法を計算するのは，ちょっとした電卓の応用問題である．この本のサイズはA列5番で，書物の場合は，これをA5判と呼んでいる．

日本工業規格には，このほか数学教育にも関係のあるいろいろな取り決めが記されており(特にその雑の部)，理科年表や，日本統計年鑑などとともに，これは，数学教師がもっと利用してよいデータブックである．

演　習

1.　上記に基づいて，紙の仕上げ寸法をミリメートル単位まで正確に計算せよ．また，その対角線が辺となす角のうち小さい方が35°16′となることを確かめよ（この角度は，いろいろなところにでてくる）．

2.　定型の封筒の大きい方は長形3号，小さい方は長形4号(JIS S 5502)といって，それぞれA4，B5の便箋を長い方の辺を三つ折りにしてたたんで入

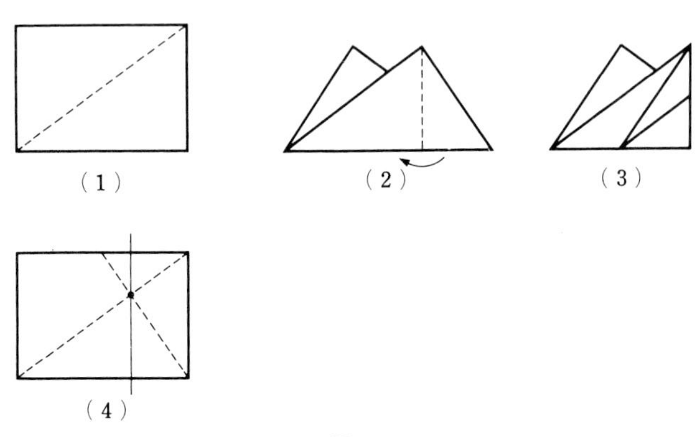

図8

れるとちょうどよく納まるようにできている．三つ折にする折り目を紙を2回折って求めるやり方を，図8に示した．この図の折り方を幾何学的の言葉で述べて数学の命題とし，これを証明せよ．

3．直角三角形（厚みを考えない）を直円柱に巻きつける．このとき，直角をはさむ一辺がつねに断面の円周上にあるようにする．このとき，円柱に巻きついた斜辺が作る曲線がら線である．ら線を軸を含む平面に正射影すると正弦曲線ができることを示せ．

4．断面の円の半径がともに r である二つの円柱の軸が直角に交わっているとき，その共通部分の概略形を書け．また，その体積を求めよ．

空間における平行と垂直

背　景

空間の想像力はときに誤りを犯す．これをチェックするのが演繹論理である．そしてチェックによって正された新しい命題がまた想像力の源となる．このように直観と論理とが相補ってともに発達していくのは，数学のどの分野においても起こることであるが，とくに空間においては，これが顕著である．

空間の幾何における論証の展開の鍵は多くは，空間の問題を平面のそれに帰着させるところにある．この場合に，中心となるのは，空間についての公理と平行線の推移律と垂直定理とである．空間についての公理としては，合同の公理を別として次の三つが主役になる．

（I）　平面上の2点を通る直線は，この平面に含まれる．

（II）　1直線上にない3点を通る平面は，一つあって二つとはない．

（III）　二つの平面が交わるときは，交わりは直線である．

平行線の推移律とは，次のことである．

定理　異なる3直線 a，b，c について

$a /\!/ b$ かつ $b /\!/ c$ ならば，$a /\!/ c$ である．

この定理は，3直線が同じ平面上にある場合には，簡単に，平行線の公理――直線外の1点を通り，その直線に平行な直線は一つあって一つしかない――から簡単に導かれる．すなわち，図1のように，$a /\!/ c$ でないとすれば，a と c とは1点で交わり，その点を通って b に平行な二つの直線 a，c が存在することになるからである．

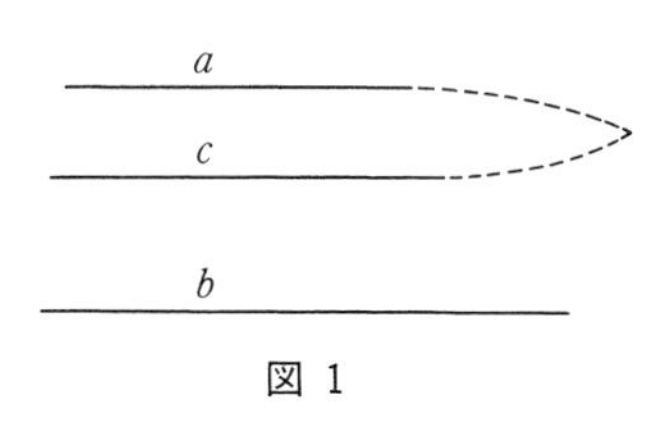

図 1

また，逆にこれを認めておけば，平行線の公理の後半，唯一性は簡単に導ける．

中学校の教科書などの中には，この定理を図2のように a，b，c に交わる直

線を引いて，そのなす角の相等関係から導いている例もあるが，それには平行線の一方に交わる直線は，他方にも交わるということが暗黙裡に用いられている．これは上の定理の対偶であり，したがって全体が循環論法になる．

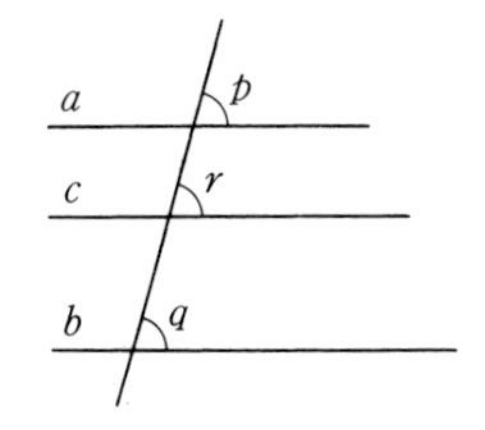

図 2

$a /\!/ b \quad \therefore \angle p = \angle q$

$b /\!/ c \quad \therefore \angle q = \angle r$

$\therefore \quad \angle p = \angle r \quad \therefore \quad a /\!/ c$

空間にある3直線についての証明は，平面の場合に比べると複雑である．これについては課題の中で考えることにしよう．空間における平行線の推移律を根拠にして，同一平面上にない2直線のなす角が定義でき，その2直線のなす角が特に垂直である場合として，空間における2直線の垂直が定義される．

垂直定理というのは，次のようなものである．

定理　一つの直線が平面上の交わる2直線に垂直であれば，その直線は，その平面上のすべての直線に対して垂直である．

これによって，平面への垂線が定義され，次の三垂線の定理が生まれてくる．

三垂線の定理　点Pは平面 α 外に，点Hおよび直線 l は平面の上に，点Kは直線 l 上にあるものとする．

1)　$PH \perp \alpha$ かつ $HK \perp l$ ならば，$PK \perp l$．

2)　$PH \perp \alpha$ かつ $PK \perp l$ ならば，$HK \perp l$．

3)　$PK \perp l$ かつ $HK \perp l$ かつ $PH \perp HK$ ならば，$PH \perp \alpha$．

この最後の3）は，点Pから平面 α へ垂線を引く手順を平面上の垂線の作図の繰り返しに還元したものである．

平面への垂線が定義されると，これによって平面の方向がそれへの垂線で代用されることになり，平面と直線のなす角や2平面のなす角が，2直線のなす角をもとにして定義される．

このように，これらの定理は，空間における直線，平面の位置関係についての諸概念を論理的に組立てる場合の基本になっている．

課　題

①　空間における平行線の推移律を証明せよ．

②　同じ平面上にない2直線 a，b がある．1点Pを通って a，b に平行な直

線 a'，b' を引くとき，a'，b' のなす角は点Pのとり方に関係なく一定であることを示せ．

③　垂直定理を証明せよ．

④　平面上の異なる3直線 a，b，c については，

i）$a /\!/ b$ かつ $b /\!/ c$ ならば，$a /\!/ c$

ii）$a /\!/ b$ かつ $b \perp c$ ならば，$a \perp c$

iii）$a \perp b$ かつ $b /\!/ c$ ならば，$a \perp c$

iv）$a \perp b$ かつ $b \perp c$ ならば，$a /\!/ c$

が成り立つ．この a，b，c を消して $/\!/$ と $\perp$ の組合せだけ残して表にすると右のような表になる．$/\!/$，$\perp$ の意味を無視してこれらを単なる2種類の記号とみなすと，このような表は数学の異なった分野で繰り返し現われる．その例をあげよ．

		結果
$/\!/$	$/\!/$	$/\!/$
$/\!/$	$\perp$	$\perp$
$\perp$	$/\!/$	$\perp$
$\perp$	$\perp$	$/\!/$

⑤　直線は英字の小文字，平面はギリシア文字の小文字で表わし，異なる文字は，異なる対象を示すものとする．

$a /\!/ b$ かつ $b /\!/ c$ ならば $a /\!/ c$

という命題をもとにして，次の問に答えよ．

（1）上の命題の直線の一部または全部を平面で置き換えるといく通りの命題ができるか．

（2）（1）のおのおのの命題について，その真偽を調べ，偽の場合には，適当な修正を加えて正しい命題に作りかえよ．

（3）上の命題群を証明し，論理的な順序を考察せよ．

⑥　直線と平面のなす角や，2平面のなす角は，あるやり方で考えた平面上の角の極値と見なすことができる．このことを確かめよ．

解　説

①　2直線が平行という条件を利用する場合，まずその2直線を含む平面の存在が条件の中に含まれていることに着目することが必要である．空間についての幾何の中で，平面を図示するには，これを平行四辺形で示す習慣がある．無限に広がった平面を図示する方法がないからである．平行四辺形で示されていても，考える場合には，どこまでも広がっているものとして扱う．この約束ご

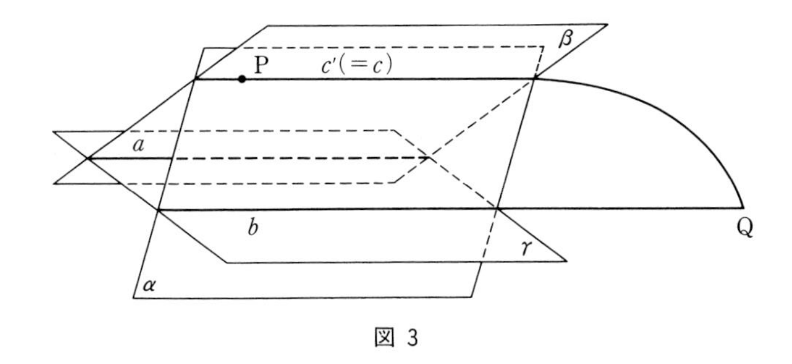

図 3

とは，教える場合には，はっきり説明しておくべきものである．

さて，問題の証明は，何らかの形で間接証明によらざるを得ないようである．ここでは，c の代用品で a と平行なことがすぐいえる c' を作り，c と c' が一致するという論法をとることにする．

直線 a と b が平行であるから，これらは一つの平面 γ 上にある．同様に，直線 b と c も一つの平面 α 上にある(図 3 参照)．c 上の 1 点 P をとり，P と a との定める平面を β とし，平面 α と平面 β の交線を c' とする．c' と b とはともに平面 α 上にある．c' と b とが点 Q で交ったとすると，Q は b 上にあり，したがって γ 上にある．また点 Q は c' にあり，したがってまた β 上にある．すなわち，Q は，β の上にも，γ の上にもある．a は β，γ の交線であるから Q は a 上にあり，a と b とが交わることになり，$a /\!/ b$ に反する．ゆえに $c' /\!/ b$ である．一方，$c /\!/ b$ であり，c，c' は点 P を共有するから c' は c と一致する．

また c' と a はともに平面 β 上にあるが，この 2 直線が交わったとすると，上記と同じような論法で a と b が交わることが導かれるから，$a /\!/ c'$ である．

したがって $a /\!/ c$．

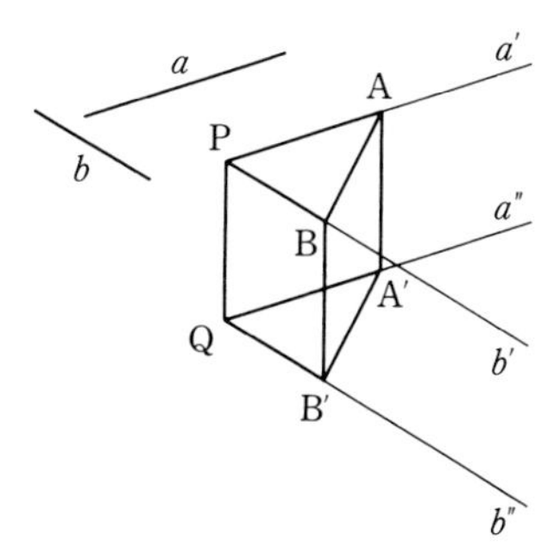

図 4

② 2 点 P，Q を通り，a，b に平行に引いた直線をそれぞれ a'，b'；a''，b'' とする(図 4 参照)．直線 PQ の同じ側に a'，a'' 上に，点 A，A′ を PA＝QA′ となるようにとる．また，PQ の同じ側に b'，b'' 上に点 B，B″ を PB＝QB′ となるようにとる．四角形 PQA′A,

PQB′B はともに平行四辺形となるから，PQ≞AA′，PQ≞BB′ であり，空間の平行の推移律から AA′≞BB′ となって，四角形 AA′B′B は平行四辺形となり，AB＝A′B′．したがって△ APB≡△ A′QB′ となって，∠APB＝∠A′QB′となる．このことは，∠APB の大きさが P の位置のとり方にかかわりないことを示す(これによって，同じ平面上にない 2 直線についても，この角をそのなす角として定義できるのである)．

③　直線 a が平面の上の交わる 2 直線 b，c に垂直であったとする(図 5 参照)．$a /\!/ \alpha$ とはならない (なぜか) から，a と α の交点を H とし，b，c は H で交っているとしても一般性を失わない．H を通る b，c 以外の直線を d とし，別の α 上の直線が b，c，d と交わる点を B，C，D とする．また a 上に PH＝QH となる 2 点 P，Q をとって，PB，PC，PD；QB，QC，QD を結ぶと，PQ ⊥ BH，PH＝HQ だから，PB＝QB，同様に PC＝QC となり△ PBC≡△ QBC．これから，∠PBC＝∠QBC が導かれ，△ PBD≡△ QBD を得る．したがって PD＝QD となり，∠PHD＝90° となる．すなわち，$a \perp d$．

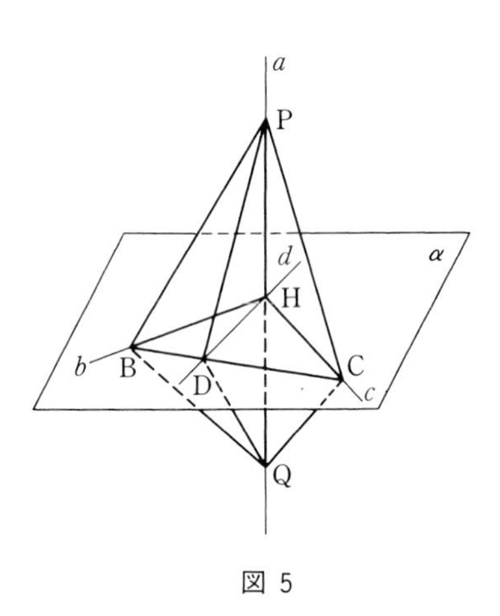

図 5

d は H を通るとしたが，H を通らない場合も，H からそれに平行線を引いて考えれば，同じことになる．すなわち，a は α 上の任意の直線に垂直となる．

④　//と//なら//，//と⊥なら⊥，⊥と//なら⊥，⊥と⊥なら//という形の規則に初めて生徒が出合うのは，正•負の数の乗法の符号の規則，あるいは，奇数，偶数の和の規則を学んだときであろう．すなわち

因数の符号	積の符号
正　と　正	正
正　と　負	負
負　と　正	負
負　と　負	正

2 数の奇偶	和の奇偶
偶数と偶数	偶数
偶数と奇数	奇数
奇数と偶数	奇数
奇数と奇数	偶数

奇数，偶数の和は，2を法とした剰余類の加法である．

実生活で経験する例としては，2箇所で点滅できる電灯のスウィッチの例がある．その回路は，図6のようになっている．

スウィッチA	スウィッチB	電灯
on	on	on
on	off	off
off	on	off
off	off	on

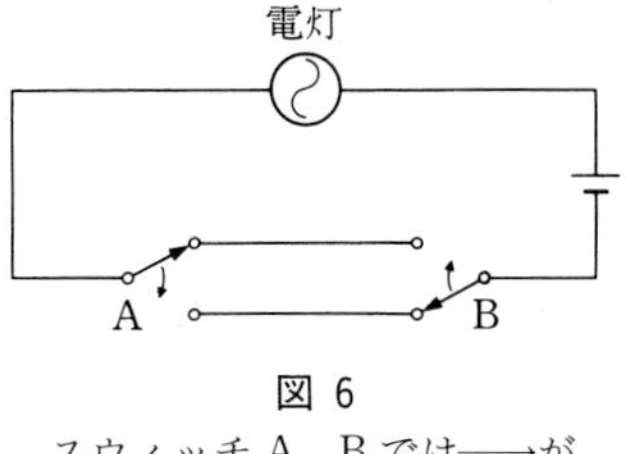

図 6
スウィッチA，Bでは⟶がもう一方の端子まで回転できる．図は電灯がoffの状態．

これは，論理式 $(A \wedge B) \vee (\bar{A} \wedge \bar{B})$ の真理表ともみられる．

⑤ （1） a，b，c を一つずつ α，β，γ と入れかえるのだから，もとのものも含めて全部で 2^3 個通りの順列ができる．すなわち

i） $a /\!/ b \quad \wedge \quad b /\!/ c \quad \to a /\!/ c$

ii） $a /\!/ b \quad \wedge \quad b /\!/ \gamma \quad \to a /\!/ \gamma$

iii） $a /\!/ \beta \quad \wedge \quad \beta /\!/ c \quad \to a /\!/ c$

iv） $a /\!/ \beta \quad \wedge \quad \beta /\!/ \gamma \quad \to a /\!/ \gamma$

v） $\alpha /\!/ b \quad \wedge \quad b /\!/ c \quad \to \alpha /\!/ c$

vi） $\alpha /\!/ b \quad \wedge \quad b /\!/ \gamma \quad \to \alpha /\!/ \gamma$

vii） $\alpha /\!/ \beta \quad \wedge \quad \beta /\!/ c \quad \to \alpha /\!/ c$

viii） $\alpha /\!/ \beta \quad \wedge \quad \beta /\!/ \gamma \quad \to \alpha /\!/ \gamma$

このうち，ii）とv），iv）とvii）はそれぞれ∧の前後が異なるだけで，同じ命題であるからv），vii）を省くと，新しい命題は，ii），iii），iv），vi），viii）の5個である．

（2） 上記の五つのうち，そのままで正しいのはviii）だけである．ii）とiv）では，$a /\!/ \gamma$ となることもあるが，a が γ に含まれることもある．したがってこのままでは偽である．iii）では a，c が同じ平面上にあるという保障さえないし，vi）では α と γ が交わる場合もある．

（3） ii）の一つの修正した形は，次のようなものである．

ii)′ $a /\!/ b$ かつ $b /\!/ \gamma$ ならば，a は γ に含まれるか，γ に平行である(図7)．

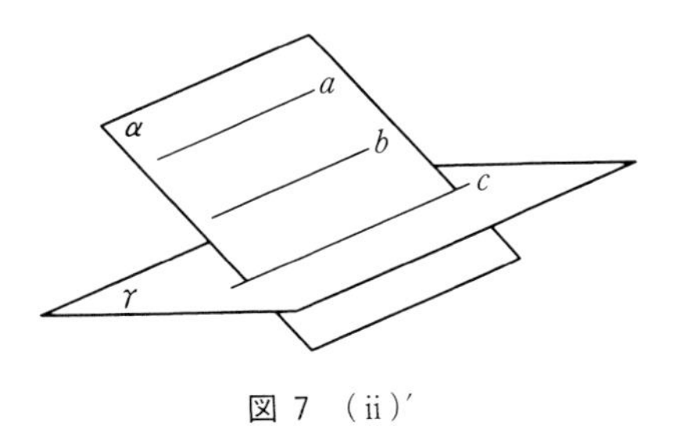

図 7 (ii)′

証　明　$a /\!/ b$ だから a，b を含む平面 α がある．α が γ に平行であれば，a は α の一部だから，$a /\!/ \gamma$，α が γ と交わるとき，その交線を c とする．b と γ は平行で交わらないから，b は γ の一部である c とも交わらない．すなわち $b /\!/ c$．a が c と一致するときは，$a \subset \gamma$，一致しなければ $a /\!/ b$ だから $a /\!/ c$ となり(ⅰ)による)，$c = \alpha \cap \gamma$，$a \subset \alpha$だから，a と γ とは交わらない．すなわち $a /\!/ \gamma$．

iii)　の修正の一つの形は，次のようになる．

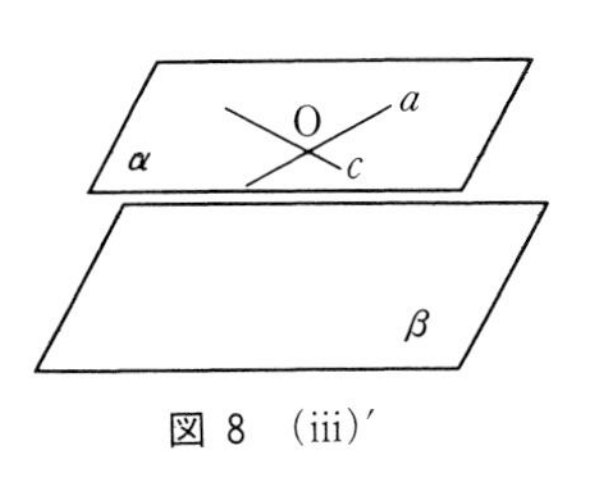

図 8 (iii)′

iii)′ $a /\!/ \beta$ かつ $\beta /\!/ c$ で，a と c が交わるならば，a と c の定める平面 α は平面 β に平行である (図8)．

証　明　$\alpha /\!/ \beta$ でないとすると，2平面 α，β は一直線 b で交わる．a，b，c はともに α 上にあり，a，c が交わるから，a，c の少なくとも一方たとえば a は β と交わる．これは $a /\!/ \beta$ でないことを示し，仮定に反する．ゆえに $\alpha /\!/ \beta$．

iv)　の修正の一つの形は，次のようになる．

iv)′ $a /\!/ \beta$，かつ $\beta /\!/ \gamma$ ならば，a は γ に含まれるか，γ に平行である (図9)．

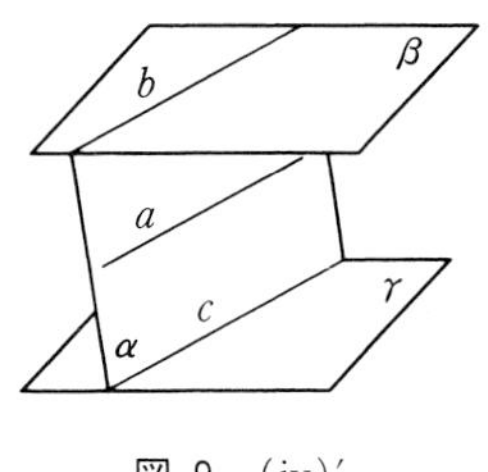

図 9 (iv)′

証　明　a と β 上の1点で定まる平面を α とすれば，α は平面 β とは，その点を通る直線 b で交わることになる．平面 α は β と交わり，$\beta /\!/ \gamma$ であるから，α は γ と交わる (viii) の対偶を用いる)．その交線を c とする．c と a が一致すれば，$a \subset \gamma$．c と a が一致しなければ，$a /\!/ \beta$ より $a /\!/ b$，かつ $\beta /\!/ \gamma$ より $b /\!/ c$ となるから，$a /\!/ c$ である((ⅰ)による)．c は a を含む平面 α と平面 γ との交わりであり，a

$/\!/ c$ であるから，a は平面 γ とは共有点をもたない．すなわち $a /\!/ \gamma$.

vi） の修正の一つの形は，次のようになる．

vi)′ $\alpha /\!/ b$ かつ $b /\!/ \gamma$ で，α と γ が交わるときは，その交線 a は b に平行である(図10)．

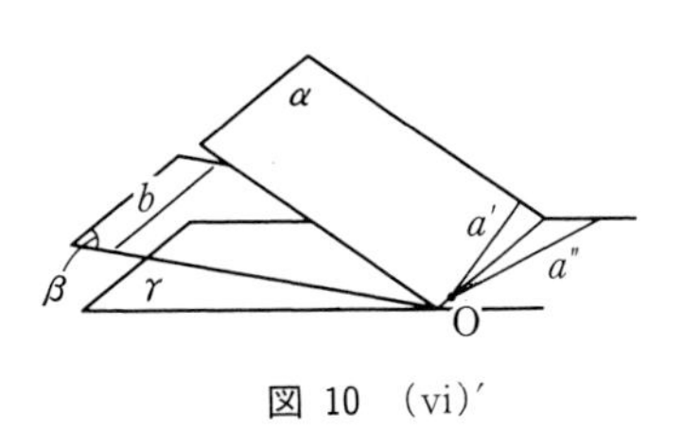

図 10 (vi)′

証　明　a の上の1点Oをとり，Oと b で定まる平面 β と，平面 α との交わりを a'，平面 γ との交わりを a'' とする．$b /\!/ \alpha$ であるから b は α 上の直線 a' とも共有点がない．そのうえ b，a' はともに β 上にあるから $b /\!/ a'$，同様に $b /\!/ a''$．a'，a'' は点Oを共有するから一致し，α 上にも β 上にもあることになるから，a とも一致する．したがって $b /\!/ a$.

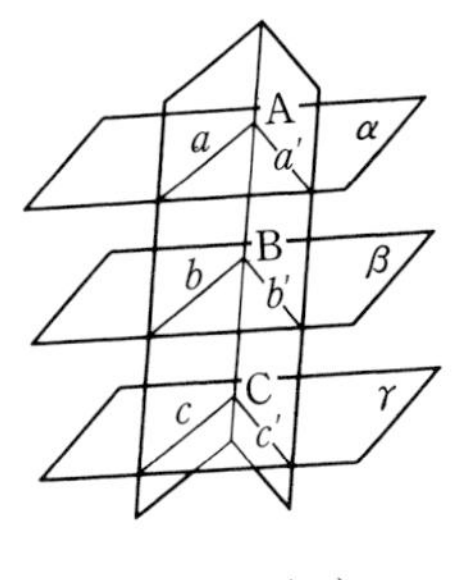

図 11 (viii)

viii) は修正を要しない．証明は，次のようになる(図11)．

証　明　平面 α，β 上にそれぞれ点A，Bをとり，ABを結ぶ直線を p とする．$p /\!/ \gamma$ ならば $\beta /\!/ \gamma$ であるから p は β 上にあり，したがって点Aも β 上にある．すると，平面 α，β は点Aを共有することになり，$\alpha /\!/ \beta$ の仮定に反する．ゆえに p は γ に平行でなく，γ と点Cで交わる．p を含む二つの平面と α，β，γ との交線をそれぞれ a，a'；b，b'；c，c' とすると，

　　$\alpha /\!/ \beta$　より　　$a /\!/ b$　　かつ $a' /\!/ b'$

　　$\beta /\!/ \gamma$　より　　$b /\!/ c$　　かつ $b' /\!/ c'$

したがって，i）より $a /\!/ c$　　かつ $a' /\!/ c'$

ゆえに，iii)′ より $\alpha /\!/ \gamma$.

上記の証明では，命題に論証的な順序をつければ，i)，iii)′，vi)′ は基本的で，ii)′はi)から，viii)はi)，iii)′ から，iv)′はviii)から導かれたことになる．

⑥　平面 α と点Oで交わる直線 l 上の点をAとし，Aから α に下した垂線をAHとする(図12)．$l \perp \alpha$ でないときは，$\angle$AOH は鋭角である．Oを通る α 上の直線をOB，HからOBに下した垂線の足をBとする．3垂線の定理から $\angle$ABO は直角となり，AB＞AH だから $\angle$AOB＞$\angle$AOH となる．この意味で

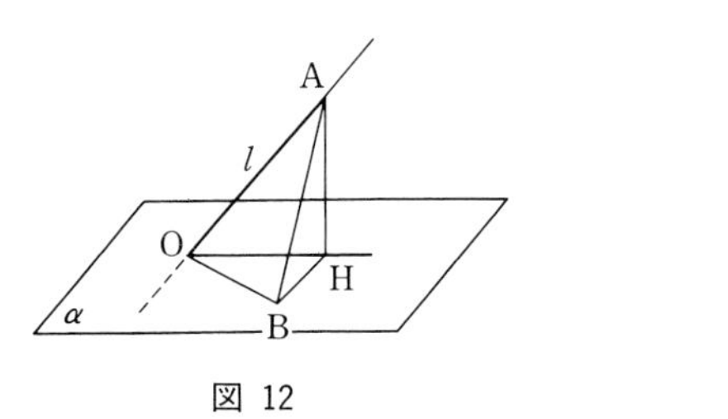

図 12

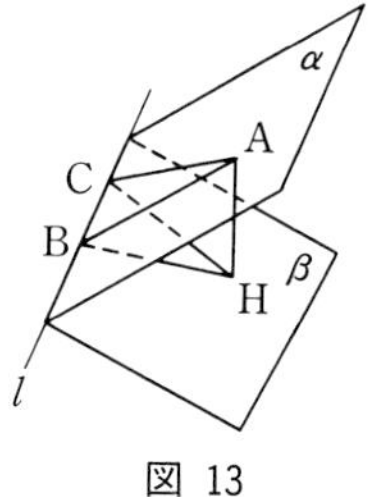

図 13

l と α のなす角 AOH は O を通る直線と OA とのなす角のうちの最小値である．

平面 α と β との交わりを l とする(図 13)．平面 α 上の点 A から，l および平面 β にそれぞれ垂線 AB および AH を引くと，$\mathrm{BH} \perp l$ で $\angle\mathrm{ABH}$ は平面 α，β のなす角になる．l 上の B 以外の点を C とすると，△ ABC は直角三角形だから $\mathrm{AC} > \mathrm{AB}$ となり，したがって $\angle\mathrm{ACH} < \angle\mathrm{ABH}$ となる．$\angle\mathrm{ABH}$ は C が l 上を動いたときの最大の角となる．坂は，まっすぐ上るときにいちばん傾きがきつくなる．

演　習

1．課題④の ii）および iv）について課題⑤の 1)，2)，3) と同じことを調べよ．

余　談

“$\alpha /\!/ \beta$ かつ $\beta /\!/ \gamma$ ならば $\alpha /\!/ \gamma$”というと，生徒によっては，これは正しいこともあり，正しくないこともあると考える者もある．このような場合の“～ならば～である”といういい方が“～であるどんな場合にも必ず～である”という全称命題を意味しているという点がはっきりしていないためである．しかし，考えてみれば，この意味のとり方は，数学という文脈のなかでの約束で，日常の用法そのままではない．無条件に当然のこととして教師の方で決めてかかるのは不適当なことと思う．

また，証明を考えるための図についても，ある程度証明の見通しがないと，どんな配置でどんな向きから見た図がよいかの選択ができにくく，図そのものにもいくつか約束ごと（たとえば，平面を平行四辺形で表わすこと）があり，書くことと書いたものの理解がむずかしい．

また証明には，前記に見られるように間接証明がときに不可欠になり，この点も生徒にはむずかしい．このため，空間についての論証的な扱いは，近年のカリキュラムではかなり削られて，直観的な扱いを主体とするようになってきている．しかし，教師としては，論理の筋がどうなっているかは，十分承知しておく必要があろう．

平面図形から空間図形への類推

背 景

類推というのは，二つの異なる対象の世界A，Bの間に，AのxはBのx'と似ているという形の対応を見つけAの世界には，x，y，z，……の間にRという関係があることをもとにして，Bの世界の対応するx'，y'，z'，……の間にRと似た関係R′が成り立つのではないかと推測することである．類推は，R′が成り立つ論理的な根拠とはならない．論理的な根拠は別に論じなければならないが，類推は，検討に値する新しい命題を得る一つの発見手段であるとともに，人間に本来備わっている知能の一つの側面でもあるように思われる．そして類推した命題が演繹的に正しいと確認されたときには，Aを理解している人にとっては，Bの世界も理解しやすいものになり，その人の知識の構造が一層安定したものになる．

いくつもの異なった世界で類推が成り立つことが自覚されれば，そこから共通性を抽象することで，一つの新しい抽象的な世界も構築される．現代数学の重要な側面はこうして生れたものであるともいえる．

類推を行う場合に，いちばん重要な契機は，Bの世界のx'は，Aの世界のxと似ているという認識である．類似点の発見には，見方を変えてみることが必要で，他人から指摘されればなるほどとうなずけることでも，自分から見つけることは，むずかしい場合が多い．ここでは，比較的類似の見つけやすい二次元から三次元への類推を考えることにする．前にあげた「空間における平行と垂直」は，その一つの例である．

平面上で2点から等距離にある点の軌跡は，その2点を結ぶ線分の垂直2等分線であるが，空間で，これに相当する点の軌跡はその垂直2等分線を，線分を軸にして回転してできる平面，すなわち垂直2等分面である．

平面上で交わる2直線から等距離にある点の軌跡は，その2直線のなす角の2等分線で，二つの直線である．

空間で交わる二つの平面から等距離にある点の軌跡は，その2平面の交線に垂直な平面で切った切り口の2直線のなす角の2等分線を含み，その2直線の作る平面に垂直な二つの平面である．これらは類推による命題がうまく成り立つ例である．

課　題

① 平面上の三角形に対応するものとして，空間での四面体を考えるとき，三角形の五心（外心，内心，傍心，垂心，重心）に対応して四面体のどんな性質が類推されるか，それらの推測は正しいか．

② 平面に対応する空間の図形として球面を考える．このとき，平面上の2点を通る直線に対応するものとして，2点を通る大円が考えられる．これについて，次の問に答えよ．

（1） 類推が成り立たなくなるのはどんな点か．

（2） 球面上の三角形について三角不等式が成り立つか．

（3） 球面上の2点を結ぶ曲線のうち、大円の弧が最も短いといえるか．

③ 球面上の三角形について，平面三角形の五心，正弦定理，余弦定理からの類推を調べよ．

④ 平面上では，1点から定方向に進む点の軌跡は直線である．地球上で，赤道上の1点から，（1） 真北へ，真北へといったらどうなるか，（2） 真東へ，真東へといったらどうなるか，（3） 東北へ，東北へといったらどうなるか．

⑤ 地球面上の点の座標を，経度 $\theta(0\leqq\theta<2\pi)$，緯度 $\varphi(-\pi/2\leqq\theta\leqq\pi/2)$ を用いて表わし，北の方向，すなわち経線とのなす角がつねに α であるような曲線（等傾線という）の方程式を $\varphi=f(\theta)$ とする．関数 f の形を定めよ．

解　説

① 三角形の3辺の垂直2等分線は1点に集まる．この点が外心で，外心は3頂点から等距離にあり，外接円の中心となる．四面体でこれと類似したことを考えると，辺の垂直2等分面を考えることになる（図1）．三角形のときは，辺が三つあり，そのうちの二つの辺の垂直2等分線の交点を考え，これが残りの辺の垂直2等分線上にあるということで証明された．四面体の場合は，辺は六つある．六つの垂直2等分面が1点で交わることをいうにはどうしたらよいか．平面の場合にならえば，三つをうまくとって1点を定め，これが残りの上

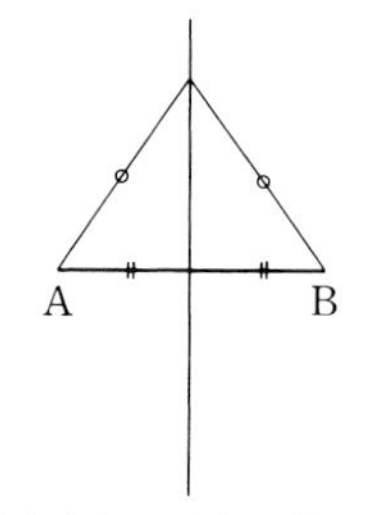

線分ＡＢの垂直２等分線

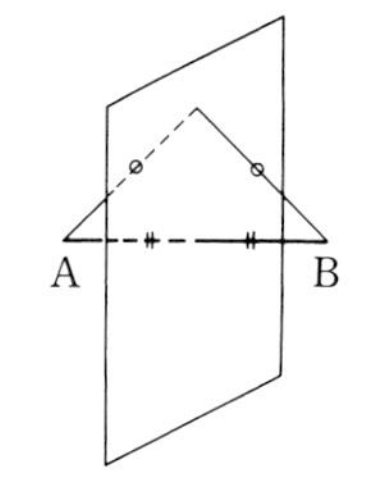

線分ＡＢの垂直２等分面

図 1

にあり，４頂点から等距離にあることを示せばよい．その三つを選ぶのには，四面体の面になっている三角形の３辺をとることを避けなくてはならない．

これを避けて三つ選べば，三つの垂直２等分面は，１点で交わる．そして，その交点は，４頂点から等距離にあるから，残りの垂直２等分面も，その点を通る．したがって四面体にも外心があり，また外接球がある．

この進め方は，類推を新命題を見つけるのに用いただけでなく，その証明の筋を見つけるにも用いたことになる．

内心，傍心は，同じようなやり方で，四面体にも考えられることが確かめられる．またしたがって，四面体には，内接球と傍接球とがある．

三角形の重心は，三つの中線が集まる点である．そして重心は中線を１：２に分ける点になっている．四面体で，三角形の中線に相当するものは何だろうか．２点の重心に当るものは，その中点で，中線は，第三の点とその重心を結んだものと見なすことができる．こう考えると中線に相当するものを四面体で考えることはやさしくなる．すなわち一つの面の三角形の重心と，残りの頂点を結ぶ直線である．このような直線は四つあり，これらが１点に集まるだろうというのが，この場合の推測である．三角形の中線は，また，頂点を通って三角形の面積を２等分する直線とも考えられる．これに相当するものを空間で考えれば，一つの辺を通って四面体の体積を２等分する平面であり，その辺と，それに対する辺の中点で定まる平面である．このような平面は六つある．これが１点で交わるというのが別の見方である．これらの平面は，三つずつ四面体の頂点とそれに対する面の重心を結ぶ直線を共有している．したがって前者によって考える方が簡単である．

図2のように四面体ABCDの面BCD，ABCの重心をG_1，G_2とし，辺BCの中点をMとすると，G_1はDM上にG_2はAM上にあるから，AG_1，DG_2は同一平面MADの上にあって，必ず交わる．その交点をGとすれば，$AG:GG_1=3:1$であることが，$DG_1:G_1M=AG_2:G_2M=2:1$，したがって$AD \underline{\underline{\parallel}} 3G_1G_2$であることから，すぐ導かれる．これによって類推したことが正しいことがわかる．

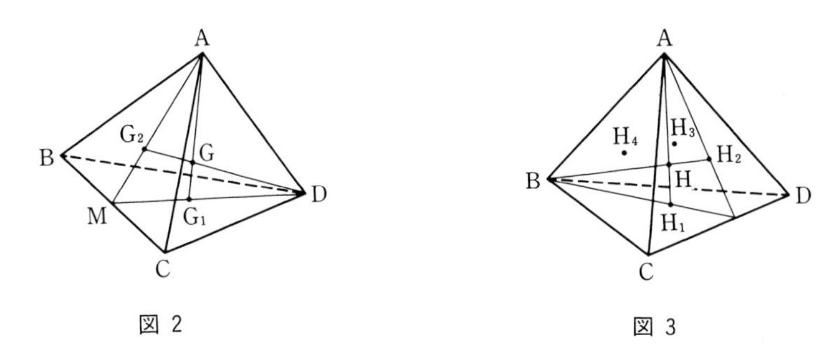

図 2　　図 3

垂心の場合は，これまでと少し異なる．四面体ABCDの頂点A，B，C，Dから対面に下した垂線をAH_1，BH_2，CH_3，DH_4とすると，たとえばAH_1とBH_2とが交わるとは限らない．しかし，そのような四面体を作ることは可能である．

AH_1とBH_2とが図3のように点Hで交わったとすると，$AH_1 \perp CD$，$BH_2 \perp CD$より，$CD \perp$平面AHBとなり$CD \perp AB$を得る．同じようにAH_1とCH_3が交わったとすれば，$BD \perp AC$が，AH_1とDH_4が交わったとすれば，$AD \perp BC$が得られる．したがって，垂心の類推が成り立つためには，四面体ABCDの向い合う辺は，互いに垂直になっていなければならない．そして，その場合には，四面体の頂点から，対面に下した垂線が1点で交わることは，垂直関係の定理を繰り返し用いることで証明できる．

要約すれば，垂心の類推は，特別な四面体でなければ成り立たない．

② （1） 平面上では2点を結ぶ直線は，つねにただ一つである．球面上で大円を考えるとき，2点が球の直径の両端になっていなければ，このことの類推が成り立つが，直径の両端の場合は，成り立たない．平面上では，二つの直線は交わる場合もあるし，交わらない場合もある．そして交わるときは，交点はただ1点である．球面の場合は，二つの大円は必ず交わり，その交点は，球

の直径の両端になっている．類推を強力にするには，直径の両端を同一視する必要がある．そうすると，平面上のふつうの幾何（ユークリッド幾何）と似た点もあるが，また違った点もある一つの非ユークリッド幾何が生れる．

（2） 球面上で三つの大円の弧が二つずつ交わっていると，全体は図 4-1 のように八つの部分に分かれる．そのおのおのが球面三角形である．すなわち，球面三角形の一つの辺は大円の半円周より小さい．いいかえると，大円の劣弧である．大円の半径はすべて球の半径に等しいから，辺の長さは，弧に対する中心角に比例する．したがって，辺の長さの間の不等式は，中心角についての不等式に帰着する．

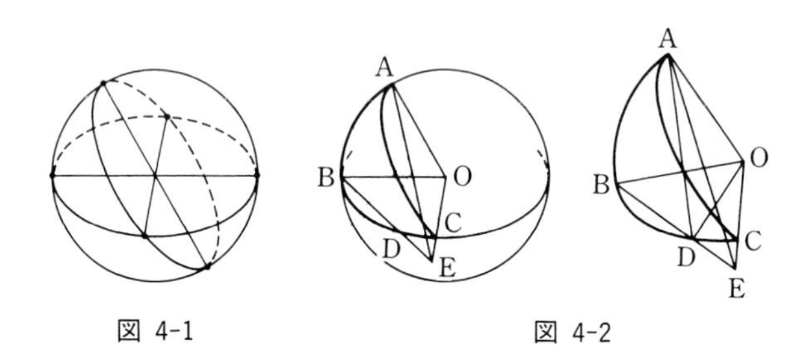

図 4-1　　図 4-2

球面上の三角形を ABC とし，$\overset{\frown}{BC}$が$\overset{\frown}{CA}$，$\overset{\frown}{AB}$のどちらよりも大きいとするとき，$\overset{\frown}{BC}<\overset{\frown}{CA}+\overset{\frown}{AB}$が成り立てば，三角不等式がつねに成り立つといえるが，この不等式は，球の中心を O とするとき，$\angle BOC<\angle AOB+\angle COA$ と同値である．そこで，図 4-2 のように，$\overset{\frown}{BC}$上に点 D をとり，$\overset{\frown}{BA}=\overset{\frown}{BD}$となるようにする．BD の延長が OC の延長と交わる点を E とする．△ ABE では $BE<AB+AE$ で，$AB=BD$ であるから，$DE<AE$．△ DOE と △ AOE とで，$OD=OA$（球の半径），OE は共通，$DE<AE$ であるから，余弦定理から＜$\angle DOE<\angle AOE$．

したがって，$\angle BOC=\angle BOD+\angle DOE<\angle AOB+\angle COA$ が導かれ，三角不等式が証明される．

（3） 球面上の 2 点 A，B を結ぶ球面上の曲線で，AB 間の弧の長さが最小となるものを **C** とし，**C** が AB を結ぶ大円の劣弧とは一致していないものとする．一致していないから **C** 上に$\overset{\frown}{AB}$上にない点 P が存在する．図 5 のように，AP，BP を大円の弧で結び，A を中心，$\overset{\frown}{AP}$を半径とする小円が$\overset{\frown}{AB}$と交わる点を D とする．

$\widehat{AP}+\widehat{BP}>\widehat{AB}$であるから$\widehat{BP}>\widehat{BD}$となり，P は，B を中心，$\widehat{BD}$を半径とする小円の外部にある．ゆえに **C** の弧 PB は，この小円と少なくとも 1 点 E で交わる．球の中心をOとする，曲線 **C** 上の弧 AP を OA を軸として回転し，P を D に重ねると弧 AP は，新しい球面上の弧 AFD に移り，二つの弧の長さは等しい．同じように，曲線 **C** 上の弧 BE を，OB を軸として回転すれば，$\widehat{BE}=\widehat{BD}$であるから弧 BE の端 E が D に重なるようにすることができ，弧 BE は，新しい球面上の弧 BGD に移る．ところが，弧 AFD と弧 DGB をつないだものは，A，B を結ぶ曲線で，**C** よりは弧 PE 分だけ短い．これは **C** が最小であるという仮定に反する．したがって，最小値となる曲線は大円の弧と一致しなくてはならない．

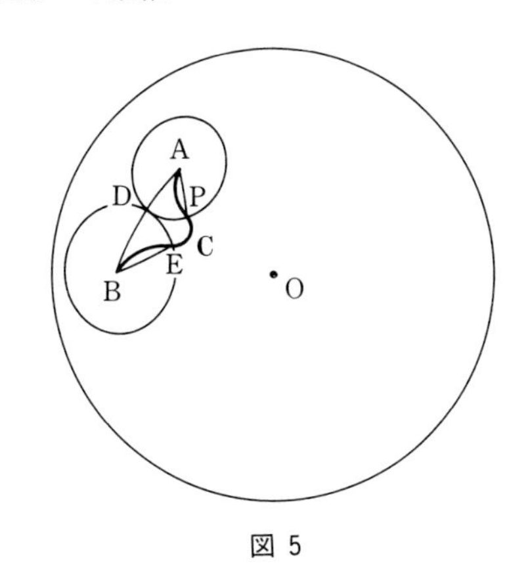

図 5

以上の証明は，最小値を与える曲線 **C** が存在すること，小円の内部の点と外部の点を結ぶ曲線は，必ず小円と交わることなどの位相的な命題を直観的に認めて，それをもとにしたものである．その意味では，不十分な証明であるが，初等的なやり方としては，昔からよく知られたものでもある．

③　平面三角形の頂角に対応するものとしては，その頂点に集まる劣弧のなす角を採用するのが自然であろう．この角は，その劣弧の接線のなす角であり，接線は頂点と中心を結ぶ半径に垂直だから，中心と劣弧を含む 2 平面のなす角とも見られる．

以上のように対応を考えるとき，平面三角形の五心の存在から類推される命題を作ることは，そんなにむずかしくはない．そのうち，外心，内心，傍心からの類推が成り立つことは，四面体の場合とほとんど同じであるので，ここでは，重心と垂心について考えてみよう．

（1）　重心：平面三角形から類推される命題は，次のように述べられる．

点 O を中心とする球面上の三角形 ABC の辺 BC，CA，AB の中点（弧の中点）をそれぞれ D，E，F とするとき，A と D，B と E，C と F を結ぶ大円の弧は 1 点 G において交わる（図 6 参照）．

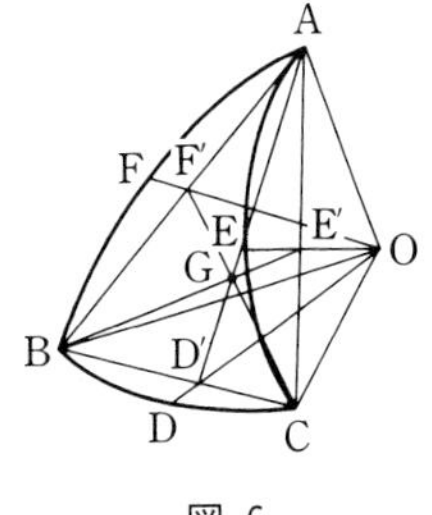

図 6

弧の中点と中心を結ぶ直線は弦の中点を通る．したがって，OD，OE，OF が線分 BC，CA，AB と交わる点をそれぞれ D′，E′，F′ とすれば D′，E′，F′ は平面三角形 ABC の各辺の中点となり，AD′，BE′，CF′ は △ ABC の重心 G′で交わる．したがって，三つの平面 AOD，BOE，COF は 1 直線 OG′ を共有する．このことから，直線 OG′ の延長が球と交わる点が弧 AD，BE，CF の上にあることがすぐ導かれ，重心の類推が成り立つことが確認される．

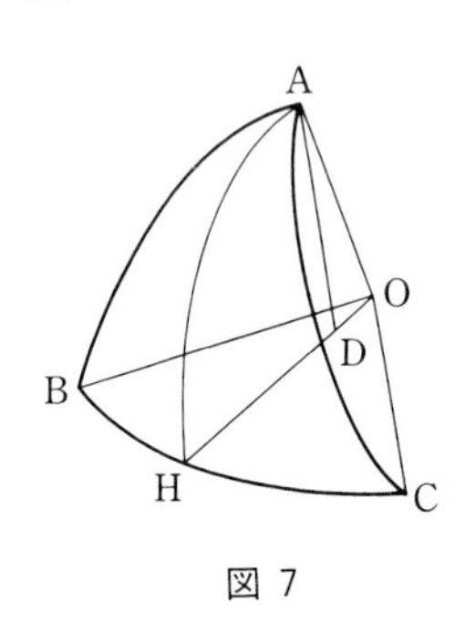

図 7

（2） 垂心：三角形の頂点から対辺へ下した垂線というのを球面の場合にはどう考えたらよいのだろうか．球面では，大円の弧のなす角は，交点でそれぞれの弧に引いた接線のなす角で考えるのだから，図 7 のような球面三角形 ABC に A から引いた垂線の足を H とすると，H での $\overset{\frown}{AH}$ の接線は，$\overset{\frown}{BC}$ の H での接線に垂直で，平面 BOC に垂直となり，平面 AOH と平面 BOC とは垂直に交わっている．したがって，A から平面 BOC に下した垂線を AD とすれば，$\overset{\frown}{AH}$ は，平面 AOD と球面との交線となる．D がOと一致しなければ，平面 AOD は一通りに定まり，H も一意に確定するが，D と O が一致するとそうはいかない．垂線の足は無数にある．このときは，$\overset{\frown}{AB}$，$\overset{\frown}{AC}$ はともに大円の周の 1/4 で ∠ AOB，∠ AOC は直角である．このときは，三つの垂線が 1 点で交わるとはいえない．そこで，A，B，C から面 BOC，COA，AOB に下した垂線の足 D，E，F がいずれもOと一致しない場合（図 8）を考えてみる．このとき，この三つの平面 AOD，BOE，COF が 1 直線で交わ

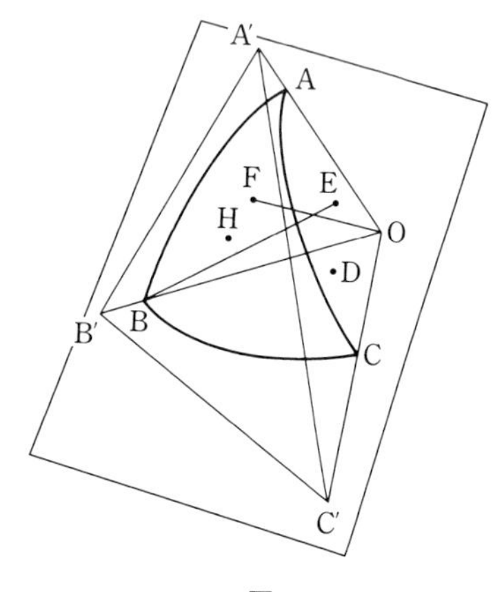

図 8

っていれば，この直線と球面との交点が，球面上の三つの垂線の交点であることはすぐわかる．そこで，改めて図8のように，2平面BOE，COFの交線(これはOを通る．)が球と交わる点をHとして，平面AODと，平面AOHが一致することを証明しよう．これは四面体で垂心が存在した場合によく似た状況である．そのような四面体を作るため，Hで球に接平面を作り，OA，OB，OCの延長との交点をA'，B'，C'としてみる．BE⊥平面AOCだから，BE⊥$A'C'$，OH⊥平面$A'B'C'$となり，OH⊥$A'C'$，したがって，$A'C'$⊥平面BOE，これから$A'C'$⊥OB'となる．同じように$A'B'$⊥OC'となり，これから$B'C'$⊥OA'も導かれ，四面体$OA'B'C'$には垂心がある．すなわち平面$A'OH$は，A'から平面$B'OC'$への垂線を含み，平面AOHと平面BOCは垂直になる．したがって，この場合は垂心に相当する点があるといえる．

これは，無条件な類推は成立しないが，適当な修正によって成り立つようにできる例である．また，以上の議論をうまくまとめて，無条件に成り立つ命題に作り変えることも一つの問題である．背景となる知識がある生徒にとっては，格好な探究課題であろう．

（3） 正弦定理：平面三角形の正弦定理は三角形の1辺に対する高さを他の辺と，角とで表わすことから，生まれてきたと見ることもできる．これと同じことを球面三角形で考えてみよう．球の半径を1としておけば，辺の長さはその辺に対する中心角の値そのままで表わされる．以下この測り方で進めることにしよう．球面三角形をABCとし辺BC，CA，ABの長さをa，b，c，∠A，∠B，∠Cの大きさをA，B，Cと書くことにする．

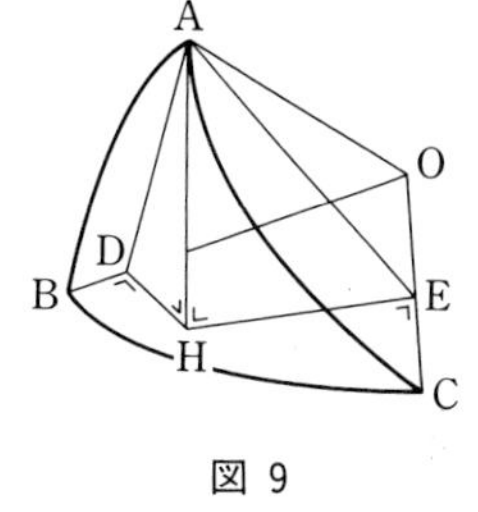

図 9

図9のように，頂点Aから平面BOCに下した垂線の足をHとし，HがOと一致しない場合を考える．Hから，OB，OCに引いた垂線をHD，HEとすると，AD⊥OB，AE⊥OCで，∠ADH，∠AEHはそれぞれ∠B，∠Cに等しい．それゆえ

$$\mathrm{AH}=\mathrm{AD}\sin B=\mathrm{OA}\sin\angle\mathrm{AOB}\sin B=\sin c\sin B$$
$$=\mathrm{AE}\sin C=\mathrm{OA}\sin\angle\mathrm{AOC}\sin C=\sin b\sin C$$

となる．すなわち

$\sin B/\sin b=\sin C/\sin c$

同様にして，

$\sin A/\sin a=\sin B/\sin b$

となり，球面三角形の正弦定理

$\sin A/\sin a=\sin B/\sin b=\sin C/\sin c$

を得る．

HがOと一致する場合は $a=A$ で，$B=C=b=c=\pi/2$ であるから，やはり上式は成り立っている．

（4）　平面上の余弦定理は，2辺とその間の角とから，第3辺を求めようとして生まれたものと見ることができる．これと同じように球面上で考えてみよう．(3)と同じ記号を用いて，b，c と A とから a を求めることを考える．

$\angle A$ を図上で実現させるために，図10のように，点Aで球に接する平面を考え，OB，OCの延長と交わる点をB′，C′とする．すると $\angle \mathrm{OAB'}=\angle \mathrm{OAC'}=90^\circ$ で $\angle \mathrm{B'AC'}=A$ である．AB′，AC′，OB′，OC′は，b，c をもとに計算できるから，これらと A，a から△AB′C′と△OB′C′に余弦定理を適用すると，

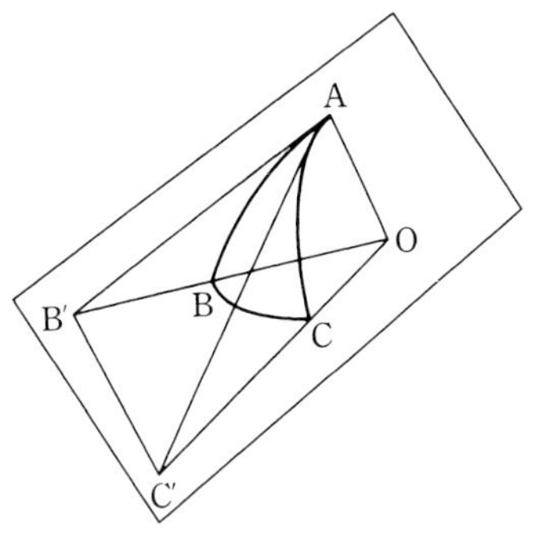

図 10

$\mathrm{AB'}^2+\mathrm{AC'}^2-2\,\mathrm{AB'}\cdot\mathrm{AC'}\cos A$
$=\mathrm{B'C'}^2=\mathrm{OB'}^2+\mathrm{OC'}^2-2\,\mathrm{OB'}\cdot\mathrm{OC'}\cos a$

となり，$\mathrm{AB'}=\tan c$，$\mathrm{AC'}=\tan b$，$\mathrm{OB'}=\sec c$，$\mathrm{OC'}=\sec b$ を代入して簡単にすれば，

$\cos a=\cos b\cos c+\sin b\sin c\cos A$

を得る．これが，b，c，A から a を求める式で余弦定理の球面への類推である．

球の半径が辺の長さ a，b，c に比べて大きくて，$\sin a$，$\sin b$，$\sin c$ の値はそれぞれ a，b，c に近く，$\cos a$，$\cos b$，$\cos c$ の値は，それぞれ$1-\dfrac{a^2}{2}$，

$1-\dfrac{b^2}{2}$，$1-\dfrac{c^2}{2}$ に近い場合を考えると，

球面上の正弦定理は

$$\frac{\sin A}{a} \fallingdotseq \frac{\sin B}{b} \fallingdotseq \frac{\sin C}{c}$$

と平面上の正弦定理と同じになる．また余弦定理の方は

$$1-\frac{a^2}{2} \fallingdotseq \left(1-\frac{b^2}{2}\right)\left(1-\frac{c^2}{2}\right)+bc\cos A$$

となり右辺の展開式の $\dfrac{b^2c^2}{4}$ の項を無視すれば

$$a^2 \fallingdotseq b^2+c^2-2\,bc\cos A$$

と平面上の余弦定理と同じになる．これによっても，これらが，平面からの類推として成り立つことがわかる．

④　(1)では北極で行き止まりになるが，(2)では赤道をグルリと回ってもとに戻ってしまう．(3)は，その中間で，チョット考えるともとに戻るといいたくなるが，そうではない．北極に近づきながら，その回りをグルグル回る，らせん状の道をとる．

⑤　図11のように，地球の中心をO，経度0°，緯度0°の点をA，北極をN，球面上東経 θ，北緯 φ の点をP，NPを通る経線が赤道を交わる点をBとする．

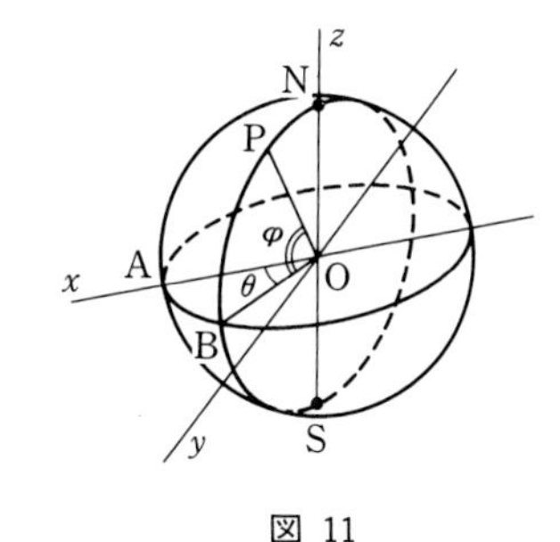

図 11

Oを原点，ONと z 軸，OAを x 軸（平面AOBが xy 平面）となるよう直交軸をとると，

$\angle\mathrm{AOB}=\theta$　で，$\angle\mathrm{POB}=\varphi$ である．

したがって，半径を1と考えれば，点Pの座標 $(x,\ y,\ z)$ は

$$x=\cos\varphi\cos\theta,\ \ y=\cos\varphi\sin\theta,\ \ z=\sin\varphi$$

となる．

角 α は経線上で点Pにおける接線と，曲線 $\varphi=f(\theta)$ の接線のなす角である．経線に沿っての接線ベクトルは，θ を一定として上の座標を φ で微分すればよい．$\varphi=f(\theta)$ に沿っての接線ベクトルは，上の座標を $\varphi=f(\theta)$ の条件のもと

に θ で微分すればよい．そのそれぞれは

$$(-\sin\varphi\cos\theta,\ -\sin\varphi\sin\theta,\ \cos\varphi),$$

$$(-\sin\varphi\cos\theta f'(\theta)-\cos\varphi\sin\theta,\ -\sin\varphi\sin\theta f'(\theta)+\cos\varphi\cos\theta,\ \cos\varphi f'(\theta))$$

である．

はじめのベクトルの絶対値は 1 で，後のベクトルの絶対値は

$$\sqrt{f'(\theta)^2+\cos^2\varphi}$$

である．この二つのベクトルの内積を考えれば，

$$\cos\alpha\sqrt{f'(\theta)^2+\cos^2\varphi}=f'(\theta)$$

となる．

北半球で，$0<\alpha<\dfrac{\pi}{2}$ の範囲で考えれば

$$\frac{d\varphi}{d\theta}\frac{1}{\cos\varphi}=\cot\alpha$$

を得る（余談 1 参照）．これを積分して

$$\log\tan\left(\frac{\pi}{4}+\frac{\varphi}{2}\right)=\theta\cot\alpha+c\cdots\cdots①$$ を得る．

$\varphi=f(\theta)$ の形にするなら

$$\varphi=2\left(\tan^{-1}(\exp(\theta\cot\alpha+c))-\frac{\pi}{4}\right)$$

となるが，①の形のままで扱う方が簡単である．

便宜上出発点を $\theta=0$ のとき $\varphi=0$ とすれば，$c=0$ となる．

これは，どんな曲線だろうか，図 12 のように北極で地球面に接平面を考え，南極 S と点 P を結ぶ直線がこの接平面と交わる点を P′ とし，N を極とする接平面上の点 P′ の極座標（r，θ'）を考えると，作図から $\theta'=\theta$であり，

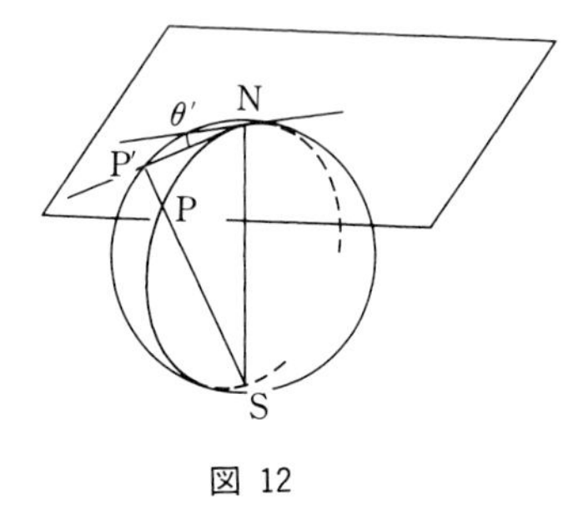

図 12

$$r=2\tan\frac{1}{2}\left(\frac{\pi}{2}-\varphi\right)=2\tan\left(\frac{\pi}{4}-\frac{\varphi}{2}\right)=2/\tan\left(\frac{\pi}{4}+\frac{\varphi}{2}\right)$$

である．ゆえに

$$\log r = \log 2 - \log \tan\left(\frac{\varphi}{2} + \frac{\pi}{4}\right) = \log 2 - \theta \cot \alpha$$

$$r = A \exp(-\theta \cot \alpha)$$

となり，点 P′ は，N に向って渦を巻いていく対数螺線である．したがって球面上の曲線はこれをもとに戻した，球面上で，北極に向って渦を巻く一種の螺線になる．この曲線は航海線とか等斜線（英語では loxodrome）とかいわれている．

余　談

1．緯度，経度は，課題⑤の解説にあるように，地球の中心を頂点として測った角の大きさである．このことは，あまりはっきりとは教えていない．地球上では，1° に相当する距離(実は地球は正確には球でなく，回転楕円体と見る方がより正確であるため，緯度 1° の間隔は，緯度によって異なり，高緯度になるほど大きくなる)は約 111 km でかなり大きくなるので，度未満の端下の表示が必要となり，分，秒が用いられている．

地球を球と考えたとき，中心角が 1′ である大円の弧の長さが 1 海里で，この単位は航海，航空では国際的に正式に認められた単位である．地球儀の上で，2 点をとって，その間のへだたりをコンパスにとり，コンパスの一端を赤道上経度 0° の点に合せ，他端が赤道上に落ちる点の経度 $\theta°$ を読めば，2 点間の距離は，$60\,\theta$ 海里である．1 海里の値は，56 ページに述べたように 1852 m である．

上では，地球儀上で 2 点間の距離を求めることを述べたが，2 地点の緯度，経度からその距離を求めるには，球面上の余弦定理によればよい．球面三角形の余弦定理で，△ ABC の A を北極として考え，B，C の経度を θ_1，θ_2，緯度を φ_1，φ_2 とすると，$b = 90° - \varphi_2$，$c = 90° - \varphi_1$，$A = \theta_2 - \theta_1$ であるから，

$$\cos a = \cos b \cos c + \sin b \sin c \cos A$$

$$= \sin \varphi_1 \sin \varphi_2 + \cos \varphi_1 \cos \varphi_2 \cos(\theta_2 - \theta_1)$$ となり，

これから，a を求めて分単位で表わせば，距離を海里で表わした数値が得られる．

たとえば，新東京国際空港（成田）の位置は 35°47′N，140°20′E で，ハワイのホノルル空港の位置は，21°20′N，157°55′W であるから，$\theta_2 - \theta_1 = 61°45'$ となり，

$$\cos a = \sin 35°47' \sin 21°20' + \cos 35°47' \cos 21°20' \cos 61°45'$$

$=0.5703808$

$a=55°13'=3313'$

すなわち3313海里，キロメートルに単位で6136 kmである．

海里を航海，航空上の距離の単位としているのは，このような計算上の便宜のためと考えてよい．

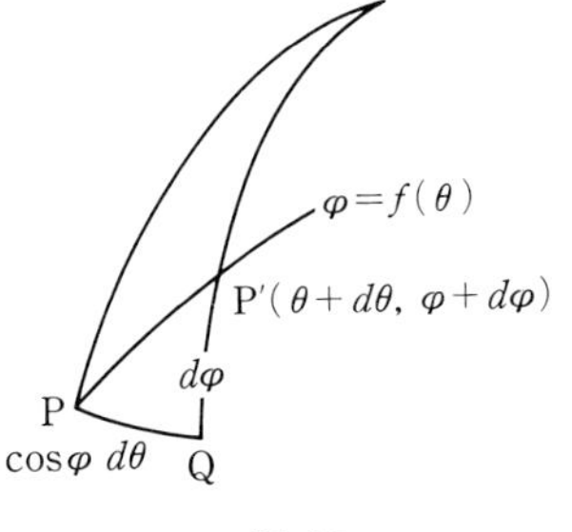

図 13

2．課題⑤で，$\dfrac{d\varphi}{d\theta}\dfrac{1}{\cos\varphi}=\cot\alpha$　を導くには，ベクトルの微分法を用いた．図形的に微分(differential)を用いれば，次のようにも考えられる．点Pにおける航海線の経線に対する傾きがαであるから，点$\mathrm{P}(\theta,\ \varphi)$から航海線上を少し進んだ点を図13のように$\mathrm{P}'(\theta+d\theta,\ \varphi+d\varphi)$とすると，Pを通る緯線の作る小円の半径は$\cos\varphi$であるから，図13の$\overset{\frown}{\mathrm{PQ}}$(緯線方向の増分)は$\cos\varphi\, d\theta$である．弧PP′と経線のなす角が$\alpha$であるから，

$\cot\alpha=\overset{\frown}{\mathrm{P'Q}}/\overset{\frown}{\mathrm{PQ}}=d\varphi/\cos\varphi\, d\theta$ となる．

演　習

1．三平方の定理（ピタゴラスの定理）は平面上の直角三角形についてのものである．そして，これの空間での類推の一つは，直方体の対角線と3辺との関係についての定理であろう．これ以外の三次元への類推で成り立つものを考えよ．

2．平面三角形についての定理で，これまで考えた以外の空間図形への類推が成り立つものを調べてみよ．

3．平面上の三角形では，その3辺に接する円は，内接円，外接円合せて4個ある．四面体の四つの面に接する球はいくつあるか．球面三角形の辺となっている三つの大円に接する球面上の円はいくつあるか．

4．x，y，zがいずれも絶対値が1以下の実数であるとき，

$xy+\sqrt{1-x^2}\ \sqrt{1-y^2}\ z$ の絶対値も1以下であることを示せ．

5．新東京国際空港からホノルル空港へ向けて大円航路に沿って出発するとき，出発時の進路の方向は、どんな方角になるか．

6．平面上の直交軸を用い，$x=k\theta$となるy軸に平行な直線に$\theta°$を目盛り，

$y=k\log\tan\left(\frac{\varphi}{2}+45^\circ\right)$ となる x 軸に平行な直線に φ° を目盛り，球面上経度 θ°，緯度 φ° の点に，平面上の目盛（θ°，φ°）の点を対応させる球面の表わし方をメルカトール図法といい，メルカトールが1569年に発表し，ライトが1599年に完成した図法で，いまでも海図，世界地図等に広く利用されているものである．これについて，次のことを証明せよ．

（1） 地球の航海線は，メルカトール図上では，直線になる．

（2） 球面からメルカトール図への写像は，等角写像である．

7. 図12で用いた球面から平面への写像，すなわち，南極Sに光源をおき，北極Nでの接平面を投影面として，球面上の点Pに，SPの延長が投影面と交わる点をP′とし，PにP′を対応される写像は，平射図法といわれている．

極の近くの地図には，メルカトール図法は不適当であるので，そこには，この図法が用いられている．これについて次のことを証明せよ．

（1） これも等角写像である．

（2） Sを通る球面上の円は，直線に移り，Sを通らない球面上の円は，円に移る．

8. 次のようなクイズがある．

地球上のある点Pから出発し，真南に a km進み，次に真東に向きをかえ，真東に真東にと a km進み，また真北に向きかえて a km進んだところ点Pに戻った．点Pはどこか．

このクイズの答えとして点Pは北極であるというのがふつうであるが，上の条件を満たすものは，北極だけとは限らない．北極以外にどんな点が条件を満たすか．

ひし形12面体——立体模型の作成

背　景

立体の模型を平面の材料（紙，板，塩化ビニールのフィルムなど）で組立てる作業を行うことは，空間の想像力を訓練するよい経験である．以前には，厚紙を切り抜いて，ノリシロをつけそれで貼り合せて組立てていた．今は利用できる材料がもっと豊かになっている．オーバーヘットプロジェクター (OHP) の TP フィルムに用いられるような透明な塩化ビニールのフィルム(厚さ 0.2〜0.3 mm のもの)を用い，色つきの片面接着テープで貼り合わせれば，面は透明，辺は不透明で，反対側の辺がテープの裏側として見える模型が作れる．これらの模型を製作していく過程では，いろいろな空間における幾何学的な関係を想定しては，確認していくことが必要になる．また，完成した模型をいろいろな位置におくことで，想定-確認の機会は豊かになる．この場合に，模型が透明で，向う側も見えることが，確認を助けてくれる．ここでは，ひし形12面体といわれる立体の模型を例にして考えていくことにしよう．

ひし形12面体は，いろいろな言い方で定義されるが，次のは，その一つである．

立方体の中心の各面に関する対称点をとり，これを，立方体の各頂点と結びつける線分を考えるとき，これらの線分を辺とする多面体．

これをいいかえると，立方体の中心と辺を通る平面で立方体を合同な6個の四角錐に分割し，その各四角錐を改めて，立方体の外側にはりつけた形ともいえる．

図1のように，立方体の中心をOとし，一つの辺ABを共有する立方体の二つの面をABCD，ABFEとし，Oの面ABCDに関する対称点を点O_1，面ABFEに関する対称点をO_2とすると，線分O_1O_2は辺ABと直交し，互いに他方を2等分する．それゆ

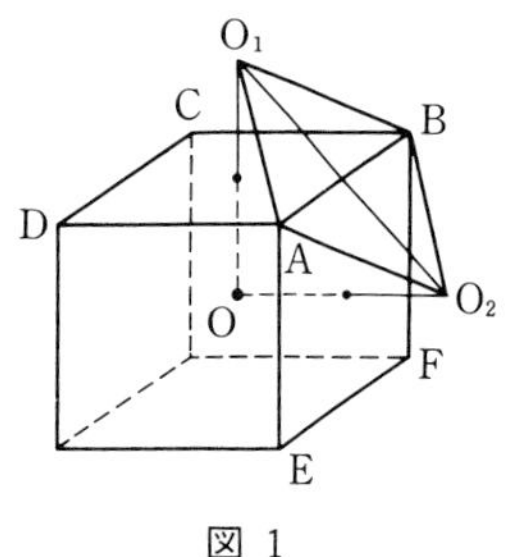

図 1

え，O_1，O_2，A，B は同一平面上にあり，四角形 O_1AO_2B はひし形になる．このような面は，全部で12個あり，すべて合同である．

立方体の1辺を a とすると，$O_1O_2=\sqrt{2}\,a$ であるから，ひし形 O_1AO_2B の各頂点を通って，その対角線に平行に引いた直線は，辺の比が $1:\sqrt{2}$，すなわち紙の規格版の形の長方形を作り，ひし形の頂点は，その長方形の辺の中点になる．規格版の紙（あるいは塩化ビニールシート）の辺の中点を通って4隅を切り落せばひし形12面体の面の形ができる．そこで，模型製作のためには，たとえばB5版のものを縦に4等分，横に4等分して，図2のように単位長方形の辺の中点を結ぶ直線をひけば，一挙に25個のひし形の型紙が作れる．

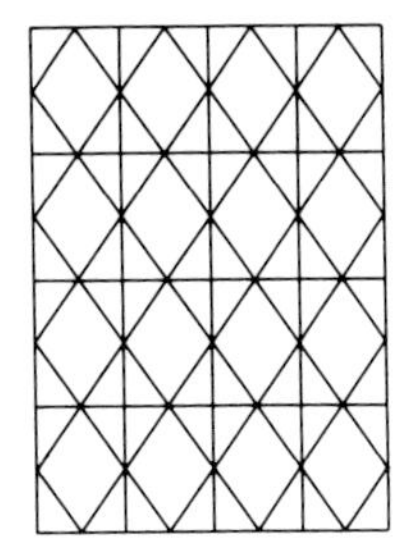

図 2

課　題

① 同じ大きさのひし形12面体の模型をいくつも作れ．友人と組んで作業すると作りやすい．

② 立方体の見取り図を書き，これをもとにしてひし形12面体の見取り図を作図せよ．また，頂点，辺，面，対角線の数を数えよ．

③ ひし形12面体のもとになる立方体の1辺の長さを a とする．これを用いて，次の大きさを求めよ．

（1） ひし形12面体の体積 V，（2） ひし形12面体の表面積 S，

（3） 表面上にない対角線の長さ，（4） 隣り合う二つの面のなす角 θ，

（5） 内接する球の体積 V

④ ひし形12面体は，それと合同な立体で空間を隙間なく埋めていくことのできる立体の一つである．実際に，どのように並んで埋めていくか，①で作製した模型を接着させて，その様子を観察せよ．一つの頂点がいくつの立体に共通になっているか．

⑤ 同大のひし形12面体で空間を埋めていき，一つ一つのひし形12面体に，その内接球を考える．このような球は，どんな風に並んでいるか．ビー玉，ピンポンのボールなどの球の模型を用いて，その並び方を実際に作ってみよ．また，一つの球面上にある他の球との接点は，いくつあって，それらを結んで多

面体を作ると，どんな多面体ができるか.

⑥　ひし形 12 面体をある方向の平面で切断すると，断面は正六角形になり，ある種の蜂の巣は，この形をもとにしているといわれている．ひし形 12 面体の表面積を，それと同体積の正六角柱の表面積と比較せよ.

⑦　ひし形 12 面体のある方向の平面への直角投影は田の字の形になることを示し，これをもとにして，ひし形 12 面体が，三つの正四角柱の共通部分としても定義できることを証明せよ.

解　説

①　B 5 版の計算用紙などに正確に作図したものを塩化ビニールシートに貼ってその後で切り抜き，型紙をはがすとよい．一つのひし形の鈍角の頂点には，いくつの面が集まるのか，鋭角の頂点には，いくつの面が集まるのかを考え，三つぐらいの部分ごとに貼り合せてから全体を作るのがやりやすいようである.

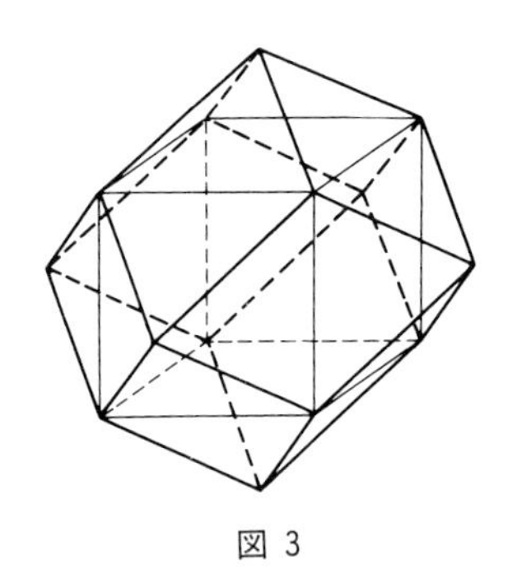

図 3

②　立方体の見取り図を書くときに，立方体の対角線と面の対角線が重ならないよう，また見えない辺と，見える辺とが重ならないよう配慮する必要がある．そして上下左右前後に接続する立方体の中心を作図し，その作図に用いた補助線とは，別の色でひし形 12 面体の辺を書いていくとまぎらわしくなくてよい．図 3 は，そのようにして書いたものである．面の鈍角の頂点には三つの面が，鋭角の頂点には四つの面が集まっている．面の数は 12，頂点の数は 14 で，辺の数は $4\times12\div2=24$ であり，オイラーの定理（頂点の数－辺の数＋面の数＝2）に当てはまる． 対角線（立体の内部を通るもの）の数は ${}_{14}C_2-(24+2\times12)=43$ である.

③（1） 定義から明らかなように，体積はもとにする立方体のそれの 2 倍である．すなわち $V=2a^3$

（2） ひし形の一つの対角線は a，他方は $\sqrt{2}\,a$ であるからその面積は $\dfrac{\sqrt{2}}{2}a^2$ で，したがって $S=12\cdot\dfrac{\sqrt{2}}{2}a^2=6\sqrt{2}\,a^2$.

（3） 対角線の長さは 4 通りある．一つは，鋭角の頂点同士を結ぶもの，こ

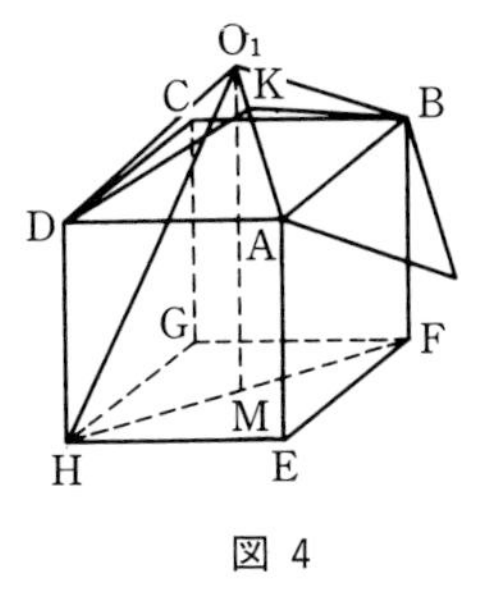

図 4

れを l_1 とする．もう一つは鋭角の頂点と鈍角の頂点を結ぶもので，これを l_2 とする．残りは，鈍角の頂点（これはもとの立方体の頂点）を結ぶもので，これは2通りの長さがある．長い方を l_3，短い方を l_4 とする．$l_3=\sqrt{3}\,a$，$l_4=\sqrt{2}\,a$ である．また $l_1=2\,a$ であることも定義から明らか．また図4 (図1の再現)において，立方体のABCDに対する面をEFGH，HFの中点をMとすると，$\angle \mathrm{O_1MH}=90^\circ$，$\mathrm{O_1M}=3/2\,a$ であるから，

$$l_2=\mathrm{O_1H}=\sqrt{\mathrm{HM}^2+\mathrm{O_1M}^2}=\sqrt{(\sqrt{2}/2)^2+(3/2)^2}\,a$$
$$=\frac{\sqrt{11}}{2}\,a.$$

l_1，l_2，l_3，l_4 の長さの対角線は，それぞれ3本，24本，4本，12本あり，計43本となる．

（4） 図4で $\mathrm{O_1A}$ に，Bから下した垂線の足をKとすると，$\mathrm{O_1A}=\sqrt{3}\,a/2$ であるから，$\mathrm{BK}=\sqrt{2}\,a/\sqrt{3}$ であり，DKも $\mathrm{O_1A}$ に垂直で，DK＝BKである．△KBDの第3辺は $\sqrt{2}\,a$ の長さになるから $\angle\mathrm{BKD}=120^\circ$ で，これが，隣り合う2面のなす角 θ の大きさである．$\theta=120^\circ$．

（5） 内接する球は，もとの立方体の中心Oを中心とする球で，その半径は，Oから一つの面に下した垂線の長さに等しい．その垂線の足は，面の対角線の交点であるからもとの立方体の辺の中点である．したがってその長さは，$\sqrt{2}\,a/2$ である．したがって

$$V=4\,\pi/3\cdot(\sqrt{2}\,a/2)^3$$
$$=\sqrt{2}\,\pi\,a^3/3.$$

④ 図で示せば図5のようになる．理屈で考えるときは，空間を3次元の格子点によって立方体に分割し，チェック模様のように一つおきに黒白の色をつけて分けておき，黒の立方体の中

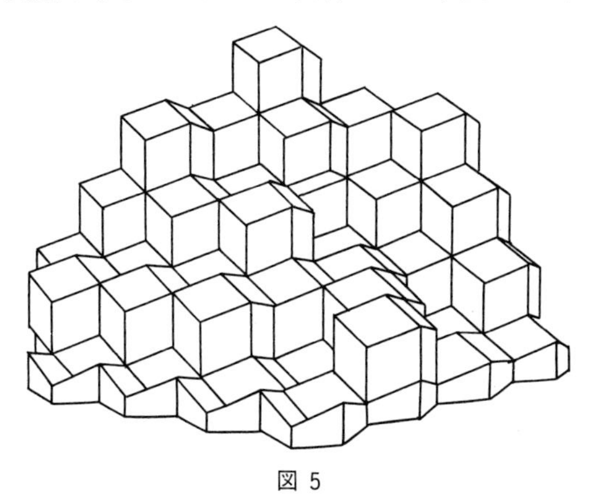
図 5

心を，それに接続する白の立方体の頂点と結んで考えるとよい．これは背景で述べた定義と同じことになる．この線分で囲まれたひし形 12 面体を考えれば，空間が同大のひし形 12 面体に分割されていくことがわかる．そして，面の鋭角の頂点のところには，六つのひし形 12 面体が，面の鈍角の頂点のところには，四つのひし形 12 面体が集まり，各辺には，2 面のなす角が 120°だから，三つのひし形 12 面体が集まっている．

⑤　上記の黒の立方体の中心を通って，立方体の一つの面に平行な平面を考え，この平面で球の集まりを切ってみると，全体の切り口は図 6 のようになる．机の上に球をこのような位置において，その上に球を並べようとしても，並べた球同士の位置が動いてうまくいかない．(接着剤で机面に固定すれば別だが)，球と球とは，もっと安定した接触をしているはずで，球を配列する別の平面を考えた方がよいことがわかる．球と球との接点は，ひし形 12 面体の面の対角線の交点であり，その交点は，もとの立方体で考えれば，その各辺の中点である．この中点は，2 組の正六角形の頂点となっており，その一方の正六角形の平面上で考えれば，図 7 の実線部分のように一つの球を 6 個の球が囲んだ形をした，平面で最もギッシリ球をつめて並べた形になる．これは前とは違い安定している．この形に球を並べ，外枠にカードの山か，本を置いて全体が動かないようにすれば，一様に正三角形状に接触しつつ並んだ球の層が得られる．全体は，この層を積み重ねたもので，第二の層は，第一の層を，第三の層は第二の層を平行移動したもので，全体はその繰り返しで作られている．図 7 の第一層の隙間 A_1，A_3，A_5 の上に第二の層の球 B_1，B_2，B_3 が入り，第三の層の球は，B_1，B_2，B_3 が囲む隙間の上にくる．これは，第一層の中心の球の真上に当たる．

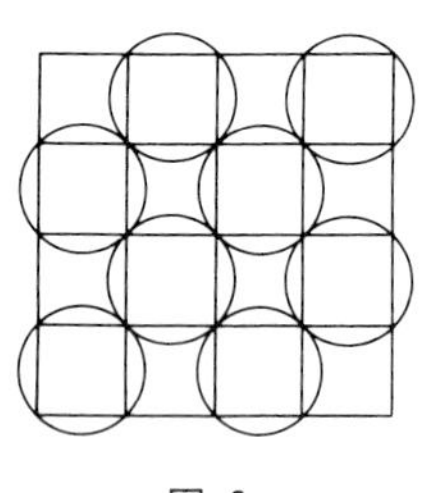

図 6

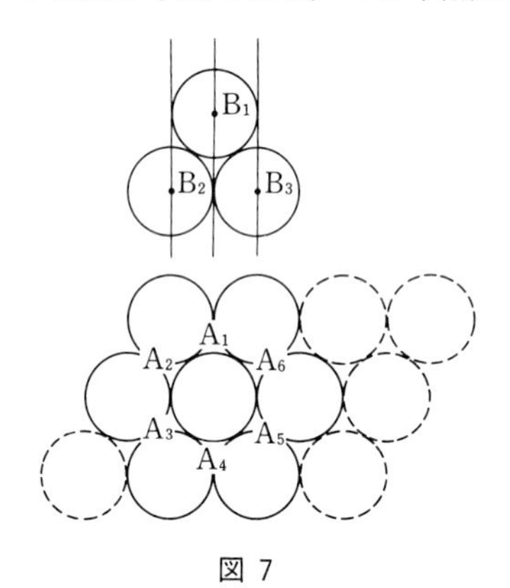

図 7

他の球と接する点は，一つの球について 12 ずつあり，これら 12 個の点を結ぶ線分で囲まれる立体は，立方体から，頂点のある側を，その頂点に集まる3辺の中点を通る平面で切り落して作られる多面体で，6個の正方形と8個の正三角形を面とする14面体で，立方八面体といわれている（図8参照）．

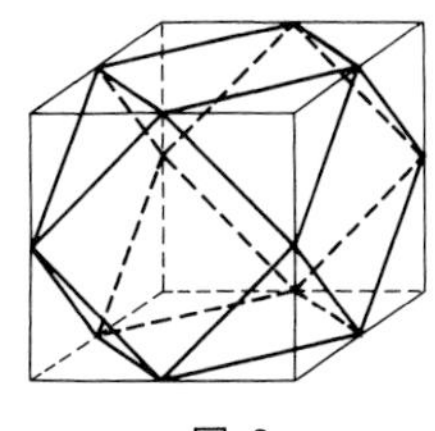

図 8

⑥　もとの立方体の対角線，いいかえると課題③(3)の解説にある l_3 の長さの対角線の方向に直角投影すると，投影図は正六角形になる．これは中心を通り，この対角線に垂直な平面で切った切り口ともいえる．課題⑤で考えたひし形12面体の集まりを，この平面で切っていくと，正六角形の穴が並んだ図形が得られ，これは蜂の巣の形である．蜂の巣を穴からのぞくと，奥の底は，一つの平面でなく，三つの平面が集まった形に近く，巣がひし形12面体をもとに作られたことを伺わせる．

正六角柱を継ぎ合せても，同じような部屋作りができるのになぜ，こんな形をとるのだろうか．境の壁の効率の点から考えてみよう．

同じ体積 V をもつ正六角柱でも，その表面積はいろいろである．そこでまず V を一定として表面積 S_0 が最小となるような形を定めてみよう．底面の1辺を x_1，高さを y とすると

$$V=\frac{\sqrt{3}}{4}x^2\times 6\times y=\frac{3\sqrt{3}}{2}x^2y$$

$$S_0=\frac{\sqrt{3}}{4}x^2\times 6\times 2+6x\times y=3\sqrt{3}x^2+6xy=3\sqrt{3}x^2+\frac{4V}{\sqrt{3}x}$$

であるから $S'_0=0$　より $x=2^{\frac{1}{3}}3^{-\frac{2}{3}}V^{\frac{1}{3}}$　が得られ，これより S_0 の最小値は $2^{\frac{2}{3}}3^{\frac{7}{6}}V^{\frac{2}{3}}$ となる．一方これと同体積のひし形12面体の表面積は，課題③(2)の解説から V を用いて表わせば，$2^{\frac{5}{6}}3V^{\frac{2}{3}}$ となる．この二つの比は $3^{\frac{1}{6}}:2^{\frac{1}{6}}$ で，その比の値は $(1.5)^{\frac{1}{6}}=1.069\cdots$ であり，正六角柱の方が約7％ほど表面積が大きくなる．蜂のふしぎな知恵である．

⑦　鋭角の頂点を結ぶひし形12面体の対角線(すなわち，課題③(3)の l_1 の長さの対角線）に垂直な平面に直角投影すれば，残りの四つの鋭角の頂点が作る正方形は，そのままの形に投影され，鈍角の頂点は，その正方形の辺の中点に投影される．残りの辺の投影も考えると全体は図9のような田の字になる．こ

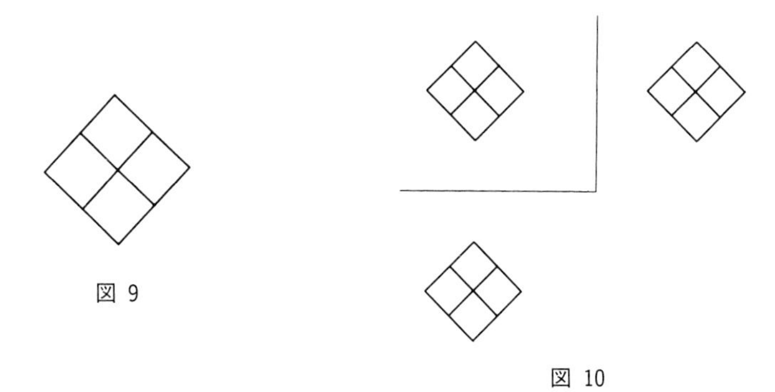

図 9

図 10

のような対角線は，3本あって互いに直交しているから，ひし形12面体の正投影図は図10のように，平面図，立面図，側面図が，ともに合同な田の字形の正方形になる．これを逆に考えると，ひし形12面体は，その中心軸が互いに直交している三つの正四角柱の共通部分であるともいえる．

演　習

1．規格版の紙の2辺をそれぞれ n 等分して，等分点を通る辺の平行線によって全体を等分する．単位長方形の辺の中点を通る直線によって，単位長方形に内接するひし形を作るとき，このひし形は何個できるか（背景で述べたように $n=4$ のときは，25個になる）．

2．ひし形12面体のもとになる立方体の対角線（l_3 の長さのもの）に垂直で，これを2等分する平面で，ひし形12面体を二つの部分に分け，一方を60°回転させて，他方につなぐと，ひし形6個，台形6個の面で囲まれた別の12面体ができる．この立体について次の問に答えよ．

（1）この立体も，同じものを並べて空間を埋めることができる立体である．これを模型を作って確かめよ．

（2）この立体も，もとのひし形12面体の内接球に外接することを確かめよ．

（3）この立体で空間を埋め，それぞれに内接球をおくとき，その内接球はどのように並ぶか，ひし形12面体の場合との異同を調べよ．

3．平面の上に10円玉を重ならないようにピッシリ並べるとき，並べ方は何種類あるか．それぞれについて密度に相当するものを考え，これを比較せよ．

4．ひし形12面体で空間を分割して，その中に内接球を入れた場合の密度を，立方体で分割して，その中に内接球を入れた場合の密度と比較せよ．

5．課題⑦の解説をもとにして，粘土で作った立方体から，平面による切断を繰り返して，ひし形12面体の模型を作る手順を考え，これを実行せよ．

6．課題⑦で考えた正四角柱の代わり直円柱を考える．二つの直円柱の場合は，102ページで考えた．これを三つにすると，ひし形12面体に類似した曲面で囲まれた12面体ができる．その一つ一つの面は，一つの平面上に拡げることができる．どんな曲線で囲まれた形になるか．また，これをもとにして，その立体の模型を作れ．

7．正八面体は，その対角線の方向に垂直な平面に直角投影すると**図11**のように正方形にその対角線を書き加えた図形になることを確かめよ．これから考えて，正八面体は，どんな角柱の共通部分としてとらえられるか．

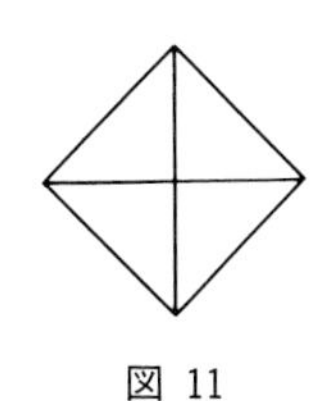

図 11

余　談

1．空間にパチンコの玉をギッシリ並べて積んでいくことを考えてみる．一つの積み方は空間を球に外接する立方体に分けてそこに一つずつ球を入れるやり方である．第二の積み方は空間を球に外接する正六角柱に分けてそこに球を入れるやり方である．第三には，ひし形12面体に分けて球を入れるやり方である．第一のやり方では，球の体積：立方体の体積は $4\pi/3 : 8 = \pi : 6 = 0.523\cdots$．

第二のやり方では，$4\pi/3 : 4\sqrt{3} = \pi : \sqrt{27} = 0.604\cdots$．

第三のやり方では，126ページにあるように，球の体積：ひし形12面体の体積＝

$\sqrt{2}\,\pi/3 : 2 = \pi : \sqrt{18} = 0.740\cdots$

で，第三のやり方がいちばん比の値が大きい．第三のやり方は，最も密度の高い並べ方である．

2．正八面体の各辺を3等分して，その等分点を通る平面で，頂点のある側を切りおとすと，8個の正六角形と6個の正方形でできた，14面体ができる(**図12**)．これを切頭八面体(切隅八面体とよぶ人もある)という．これも空間を埋め尽す立体である．

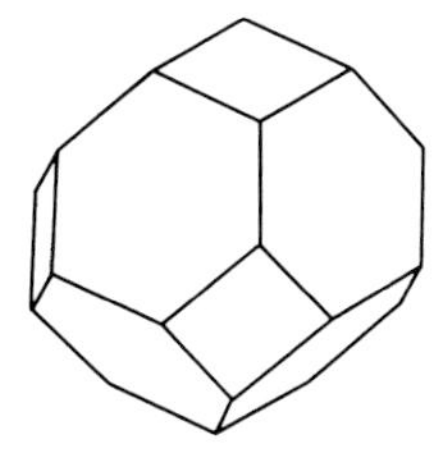

図 12

空間ベクトルの基礎

背　景

平面上のベクトルを空間に拡張していく際には，その理論構成の背景に平行線の推移律と垂直定理が必要となる．どこでどう関係するかを明らかにする準備として平面上のベクトルの理論構成をふり返ってみよう．

平面上のベクトルは，理論的にいえば，有向線分の同値類として定義される．この場合の同値関係は，向きと大きさがそれぞれ等しいということであるが，なぜ向きという語が用いられるのか．それは，平行という関係では，反射律は成立せず，推移律も無条件では成立せず（三つが異なるという条件がいる）そのままでは同値関係にはならないからである．向きという概念は，平行を含んだ同値関係を作るためのものである．向きが等しいというのは直観的には，はっきりしたもののように思われるが，分析的にきちんと言おうとするとちょっと戸惑うものである．二つの半直線が平行移動によって重ねられるとき，向きが等しいと定義すると，この向きが等しいという関係は，平行な場合も含んだより広い概念になる．すなわち，同じ直線上にある二つの半直線にも適用できる関係で，したがって反射律，対称律，推移律が無条件で成り立ち，同値関係となる．向きというのは，この同値関係から作られた同値類のことである（半直線の代わりに全直線を考えれば，同じように直線の方向というのが定義される．方向と向きとは，似たものであり，常識的には区別なく用いられることもあるが，区別をすれば上のようになる．南北の方向の直線とはいうが南北の向きの直線とはいわず，北向きの風とはいうが北方向の風とはいわない）．

半直線の向きがはっきりすれば，有向線分の向きは，それに伴って定義される．

ベクトルの和，実数倍および内積は，同値類についての演算であるが，実際は，各同値類からその代表元である有向線分を用いて定義される．この定義が意味あるものとなる為には，演算の結果が，それに用いた代表元の取り方に関係なく決まることが保証されていなければならない．このことを演算の同値関係に関する整合性という．

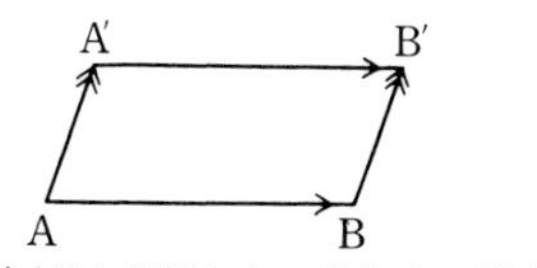

（直線ABとA′B′とが一致しない場合）

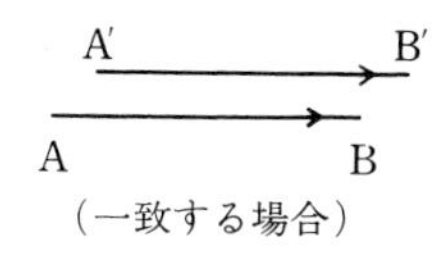

（一致する場合）

図 1　AB〜A′B′ ならば
AA′〜BB′

たとえば，ベクトル $\boldsymbol{a}$，$\boldsymbol{b}$ の和は，$\boldsymbol{a}$ の代表元の一つである有向線分 $\overrightarrow{\mathrm{AB}}$ をとり，次に点 B を始点とする $\boldsymbol{b}$ の代表元 $\overrightarrow{\mathrm{BC}}$ をとって，有向線分 $\overrightarrow{\mathrm{AC}}$ を作り，$\overrightarrow{\mathrm{AC}}$ の属する同値類を $\boldsymbol{a}+\boldsymbol{b}$ とすることによって定義される．有向線分 $\overrightarrow{\mathrm{AB}}$ と $\overrightarrow{\mathrm{A'B'}}$ とが向きも大きさも等しいことを $\overrightarrow{\mathrm{AB}}\sim\overrightarrow{\mathrm{A'B'}}$ と書くことにするとき，和の整合性は，

$$\overrightarrow{\mathrm{AB}}\sim\overrightarrow{\mathrm{A'B'}},\ \overrightarrow{\mathrm{BC}}\sim\overrightarrow{\mathrm{B'C'}}\ \text{であるとき}\ \overrightarrow{\mathrm{AC}}\sim\overrightarrow{\mathrm{A'C'}}$$

であることだと言い換えられる．

これは，$\overrightarrow{\mathrm{AB}}\sim\overrightarrow{\mathrm{A'B'}}$ は　$\overrightarrow{\mathrm{AA'}}\sim\overrightarrow{\mathrm{BB'}}$ と同値(図 1)

ということを用いれば，

$$\overrightarrow{\mathrm{AB}}\sim\overrightarrow{\mathrm{A'B'}}\quad \text{だから}\quad \overrightarrow{\mathrm{AA'}}\sim\overrightarrow{\mathrm{BB'}}$$

$$\overrightarrow{\mathrm{BC}}\sim\overrightarrow{\mathrm{B'C'}}\quad \text{だから}\quad \overrightarrow{\mathrm{BB'}}\sim\overrightarrow{\mathrm{CC'}}$$

〜の推移律より　$\overrightarrow{\mathrm{AA'}}\sim\overrightarrow{\mathrm{CC'}}$．したがって　$\overrightarrow{\mathrm{AC}}\sim\overrightarrow{\mathrm{A'C'}}$ となって証明される．実数倍についての整合性は，簡単で，内積についての整合性は，ベクトルのなす角が，その代表元の取り方に関係しないことから導かれる．

前に述べたように空間においても平行線の推移律が成り立つことから，空間のベクトルについての理論も上記とまったく同じ筋で，繰り返す必要もないくらいである．ただ，このときの推移律が，平面の場合より複雑な証明に基づいているだけである．

再び平面上のベクトルに戻って，その内積について考えてみよう．内積が有用な手段となるのは，その分配法則　$\boldsymbol{a}\cdot(\boldsymbol{b}+\boldsymbol{c})=\boldsymbol{a}\cdot\boldsymbol{b}+\boldsymbol{a}\cdot\boldsymbol{c}$　が成り立つことにある．これは，どのようにして証明されるであろうか．ここで内積 $\boldsymbol{a}\cdot\boldsymbol{b}$ の定義としては $|\boldsymbol{a}||\boldsymbol{b}|\cos\theta$ を採用する．ただし，$|\boldsymbol{a}|$，$|\boldsymbol{b}|$ はそれぞれベクトル $\boldsymbol{a}$，$\boldsymbol{b}$ の大きさを表わすものとし，θ は $\boldsymbol{a}$，$\boldsymbol{b}$ のなす角とする．

これは，大体次のような筋書きで，一次元あるいは二次元の座標を利用して証明される．

すなわち，図2のようにベクトル $\boldsymbol{a}$，$\boldsymbol{b}$ に属する有向線分を $\overrightarrow{\mathrm{AB}}$，$\overrightarrow{\mathrm{AC}}$ とするとき，$\overrightarrow{\mathrm{AB}}$ と $\overrightarrow{\mathrm{AC}}$ の内積に対して，直線 AB 上に C から引いた垂線の足（C の正射影という）を C′ とすると，

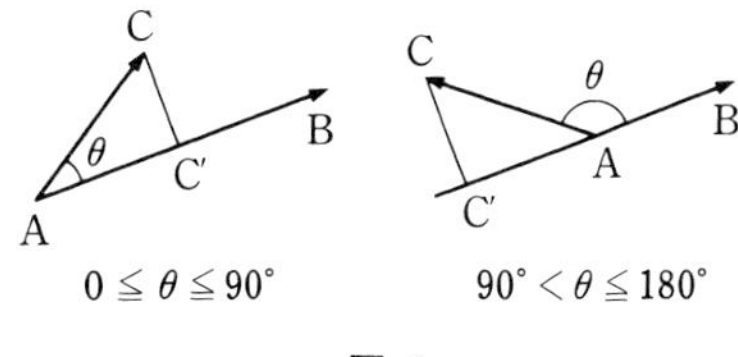

図 2

$$\overrightarrow{\mathrm{AB}}\cdot\overrightarrow{\mathrm{AC}}=\mathrm{AB}\cdot\mathrm{AC}\cos\theta=\overrightarrow{\mathrm{AB}}\cdot\overrightarrow{\mathrm{AC'}}$$

となる．直線 AB 上で A を原点とする数直線を考えて，B，C′ の座標をそれぞれ x，y とすれば

$$\overrightarrow{\mathrm{AB}}\cdot\overrightarrow{\mathrm{AC}}=\overrightarrow{\mathrm{AB}}\cdot\overrightarrow{\mathrm{AC'}}=xy$$

であることが示される．また $\overrightarrow{\mathrm{AB}}+\overrightarrow{\mathrm{AC}}=\overrightarrow{\mathrm{AD}}$ となる D の正射影の座標を z とすると　$z=x+y$ であることも確かめられる．これらによって，内積の分配法則は，実数 x，y，z についての分配法則に帰着される．これが一次元的アプローチである．

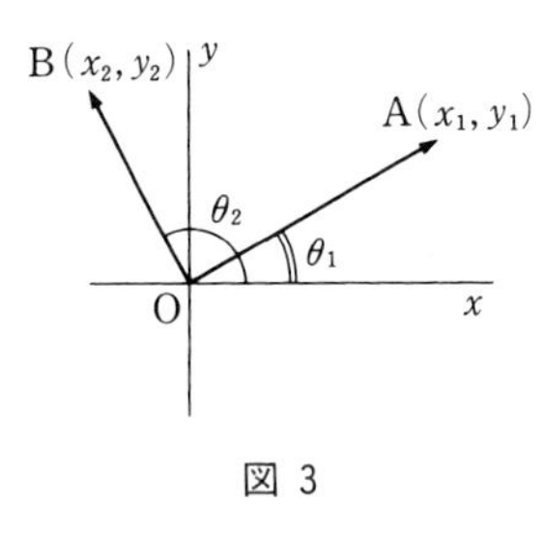

図 3

二次元的アプローチは，ベクトルの成分表示と，三角形の（第二）余弦定理を用いる．すなわち，図3のように，ベクトル $\boldsymbol{a}$，$\boldsymbol{b}$ に属する有向線分 $\overrightarrow{\mathrm{OA}}$，$\overrightarrow{\mathrm{OB}}$ を座標平面の原点 O から引き，その成分をそれぞれ $(x_1,\ y_1)$，$(x_2,\ y_2)$ とすると，三角形の第二余弦定理から

$$\mathrm{AB}^2=\mathrm{OA}^2+\mathrm{OB}^2-2\,\mathrm{OA}\cdot\mathrm{OB}\cos\mathrm{AOB}$$

となるが，

$$\mathrm{AB}^2=(x_1-x_2)^2+(y_1-y_2)^2,\quad \mathrm{OA}^2={x_1}^2+{y_1}^2,\quad \mathrm{OB}^2={x_2}^2+{y_2}^2$$

であり，また　$\overrightarrow{\mathrm{OA}}\cdot\overrightarrow{\mathrm{OB}}=\mathrm{OA}\cdot\mathrm{OB}\cos\angle\mathrm{AOB}$ であるから

$$\overrightarrow{\mathrm{OA}}\cdot\overrightarrow{\mathrm{OB}}=x_1x_2+y_1y_2$$

が導かれる．これと，ベクトルの和の成分表示および実数についての分配法則から，内積の分配法則が証明される．

別のアプローチとしては，$\overrightarrow{\mathrm{OA}}$，$\overrightarrow{\mathrm{OB}}$ と x 軸の正の方向とのなす角を θ_1，θ_2 とし，$|\overrightarrow{\mathrm{OA}}|=r_1$，$|\overrightarrow{\mathrm{OB}}|=r_2$ とすれば，

$x_1=r_1\cos\theta_1$，$x_2=r_2\cos\theta_2$，$y_1=r_1\sin\theta_1$，$y_2=r_2\sin\theta_2$ であり，

$$\overrightarrow{\mathrm{OA}}\cdot\overrightarrow{\mathrm{OB}}=r_1r_2\cos\angle\mathrm{AOB}=r_1r_2\cos(\theta_2-\theta_1)$$

$$= r_1 r_2 \cos\theta_1 \cos\theta_2 + r_1 r_2 \sin\theta_1 \sin\theta_2 = x_1 x_2 + y_1 y_2$$

とも導ける．

上のことは，見方を変えれば，余弦定理から加弦定理を導く，あるいは，その逆の道を示しているともいえる．

課　題

① 空間における～の関係が同値関係であることを確かめよ．

② 空間における3つのベクトル $\boldsymbol{a}$，$\boldsymbol{b}$，$\boldsymbol{c}$ に属する有向線分を $\overrightarrow{\mathrm{OA}}$，$\overrightarrow{\mathrm{OB}}$，$\overrightarrow{\mathrm{OC}}$ とする．ベクトルの内積の分配法則は，

$$\overrightarrow{\mathrm{OC}}\cdot(\overrightarrow{\mathrm{OA}}+\overrightarrow{\mathrm{OB}})=\overrightarrow{\mathrm{OC}}\cdot\overrightarrow{\mathrm{OA}}+\overrightarrow{\mathrm{OC}}\cdot\overrightarrow{\mathrm{OB}}$$

と表わされる．その証明には，次のようなアプローチがあるが，そのどの場合にもどこかに垂直定理が必要になることを確かめよ．

（1） A，B を直線 OC 上に正射影して，一次元のベクトルの内積の場合に帰着させる．

（2） C を平面 AOB 上に正射影して，二次元のベクトルの内積の場合に帰着させる．

（3） ベクトルの内積を成分表示で考える．

③ 三角形 ABC についての第二余弦定理

$$\mathrm{BC}^2=\mathrm{AB}^2+\mathrm{AC}^2-2\,\mathrm{AB}\cdot\mathrm{AC}\cos\mathrm{A}$$

は，三角形がつぶれた場合，すなわち $\angle\mathrm{A}=0^\circ$ または 180° の場合も成り立つ．このことを考慮に入れて，上の関係式をベクトルの記法で書き直すと次のようになる．有向線分 $\overrightarrow{\mathrm{AB}}$，$\overrightarrow{\mathrm{AC}}$ の属するベクトルを $\boldsymbol{y}$，$\boldsymbol{x}$ とすると，$\overrightarrow{\mathrm{BC}}$ の属するベクトルは $\boldsymbol{x}-\boldsymbol{y}$ であるから　$(\boldsymbol{x}-\boldsymbol{y})^2=\boldsymbol{x}^2+\boldsymbol{y}^2-2\,\boldsymbol{xy}$　となる．

これをもとに次の問に答えよ．

（1） 上の等式より，次の等式を導け．

$$(\boldsymbol{y}+\boldsymbol{x})^2=\boldsymbol{x}^2+\boldsymbol{y}^2+2\,\boldsymbol{xy} \qquad \text{(i)}$$

$$\boldsymbol{xy}=\frac{1}{4}((\boldsymbol{x}+\boldsymbol{y})^2-(\boldsymbol{x}-\boldsymbol{y})^2) \qquad \text{(ii)}$$

$$(\boldsymbol{x}+\boldsymbol{y})^2+(\boldsymbol{x}-\boldsymbol{y})^2=2(\boldsymbol{x}^2+\boldsymbol{y}^2) \qquad \text{(iii)}$$

（2） 上の等式をもとに

$$\boldsymbol{xz}+\boldsymbol{zy}=(\boldsymbol{x}+\boldsymbol{y})\boldsymbol{z}$$

となることを示せ．

解　説

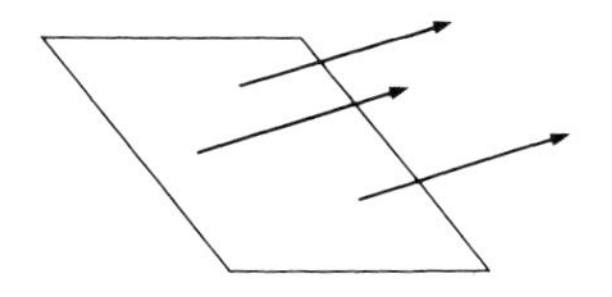

図 4　3 半直線が同一平面上にない場合

① 平行移動は群を作る．反射律はその単位元の存在に相当し，対称律は逆元の存在，推移律は，積が閉じていることに相当する．ただし，推移律の場合に半直線の向きについての推移関係を確認する必要がある．図 4 のように三つの半直線が同一平面上にない場合は，始点の 3 点を通る平面によって分けられた一方の側の半空間内に 3 直線が含まれることから導かれる，同一平面上にある場合には，直線上の点の順序や平面上で直線が分ける側についての議論が必要で，これについては余談 2 を参照されたい．

② (1) 図 5 のように，$\overrightarrow{\mathrm{AB}}$，$\overrightarrow{\mathrm{CD}}$ を同じ平面上にない二つの有向線分とし，直線 AB 上に点 C，D から引いた垂線の足を図 5 のように C′，D′とする．C′ を通り，$\overrightarrow{\mathrm{CD}}$ と向きも大きさも等しい有向線分 $\overrightarrow{\mathrm{C'D''}}$ を引く．C′C∥DD″，C′C⊥AB だから

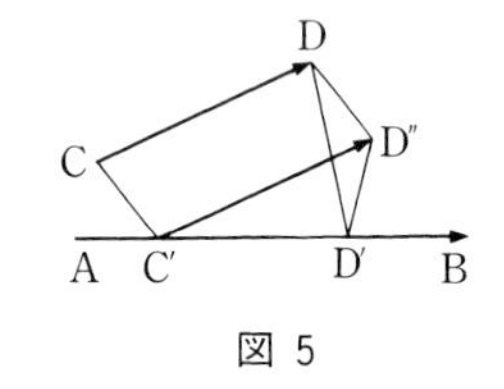

図 5

DD″⊥AB，一方 DD′⊥AB だから，平面 DD′D″⊥AB となり，

D′D″⊥AB，∠D″C′D′ はベクトルのなす角 θ に等しい，ゆえに背景の中で平面の場合について述べたように，$\overrightarrow{\mathrm{AB}}\cdot\overrightarrow{\mathrm{C'D''}}=\overrightarrow{\mathrm{AB}}\cdot\overrightarrow{\mathrm{C'D'}}$ となる．$\overrightarrow{\mathrm{CD}}\sim\overrightarrow{\mathrm{C'D''}}$ であるから $\overrightarrow{\mathrm{AB}}\cdot\overrightarrow{\mathrm{CD}}=\overrightarrow{\mathrm{AB}}\cdot\overrightarrow{\mathrm{C'D'}}$ 　となる．したがって，この後は平面の場合と同じである．上記波線の部分に垂直定理が用いられた．この結果は，正射影という操作は，ベクトルをベクトルに移す写像であることを意味する．

(2) ベクトル $\boldsymbol{a}$，$\boldsymbol{b}$，$\boldsymbol{c}$ に属する有向線分 $\overrightarrow{\mathrm{OA}}$，$\overrightarrow{\mathrm{OB}}$，$\overrightarrow{\mathrm{OC}}$ をとり，この三つが同一平面上にない場合(図 6 参照)を考える．点 C から平面 AOB および直線 OA，OB に引いた垂線の足を C′，A′，B′

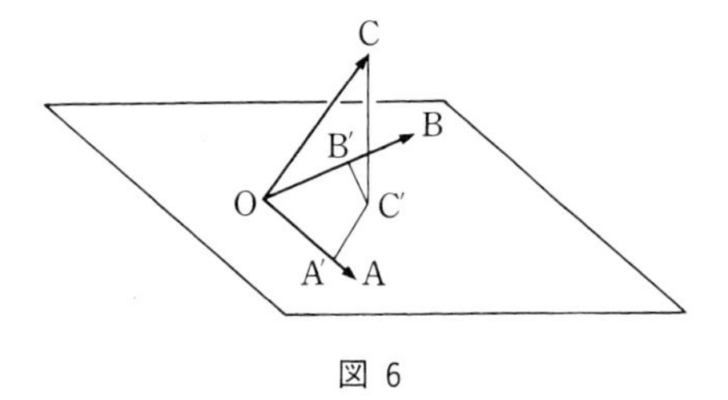

図 6

とすると，三垂線の定理(これは垂直定理からの帰結である) から，C′A′⊥OA となり，$\overrightarrow{\mathrm{OC}}\cdot\overrightarrow{\mathrm{OA}}=\overrightarrow{\mathrm{OA'}}\cdot\overrightarrow{\mathrm{OA}}=\overrightarrow{\mathrm{OC'}}\cdot\overrightarrow{\mathrm{OA}}$ 　となる．

同じようにして，　$\overrightarrow{OC}\cdot\overrightarrow{OB}=\overrightarrow{OC'}\cdot\overrightarrow{OB}$

$$\overrightarrow{OC}\cdot(\overrightarrow{OA}+\overrightarrow{OB})=\overrightarrow{OC'}\cdot(\overrightarrow{OA}+\overrightarrow{OB})$$

が導かれ，平面上では分配法則が成り立っているから，

$$\overrightarrow{OC}\cdot(\overrightarrow{OA}+\overrightarrow{OB})=\overrightarrow{OC}\cdot\overrightarrow{OA}+\overrightarrow{OC}\cdot\overrightarrow{OB}$$

も成り立つ．

（3）　三次元の場合の内積の成分表示は，二次元の場合と同じ筋道で導かれる．違う点は，点(x, y, z)の原点からの距離の2乗が$x^2+y^2+z^2$となる点である．この距離の公式の証明を反省してみよう．それは図7のように点Pからxy平面に引いた垂線の足をQ，Qからx軸に引いた垂線の足をAとすると，

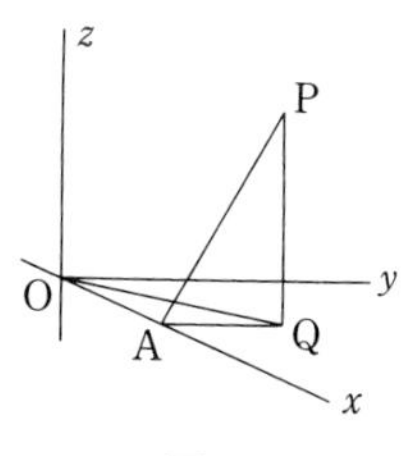

図 7

$OQ^2=OA^2+AQ^2$，$OP^2=PQ^2+OQ^2$となることに基づいているが，$PQ\perp OQ$となるのは，垂直定理によることである．座標の定義として，Pから軸に引いた垂線の足の軸上の座標を用いるならば三垂線の定理を用いることになる．いずれにしても距離の式を導くところに垂直定理がきいているのである．

③　（1）　$(\boldsymbol{x}-\boldsymbol{y})^2=\boldsymbol{x}^2+\boldsymbol{y}^2-2\,\boldsymbol{xy}$　①

の$\boldsymbol{y}$に$-\boldsymbol{y}$を代入すると，左辺は$(\boldsymbol{x}-(-\boldsymbol{y}))^2=(\boldsymbol{x}+\boldsymbol{y})^2$

となり，右辺は$\boldsymbol{x}^2+(-\boldsymbol{y})^2-2\,\boldsymbol{x}(-\boldsymbol{y})=\boldsymbol{x}^2+\boldsymbol{y}^2+2\,\boldsymbol{xy}$となるから

$$(\boldsymbol{x}+\boldsymbol{y})^2=\boldsymbol{x}^2+\boldsymbol{y}^2+2\,\boldsymbol{xy} \qquad \text{(i)}$$

となる．

（i）−①　より　$(\boldsymbol{x}+\boldsymbol{y})^2-(\boldsymbol{x}-\boldsymbol{y})^2=4\,\boldsymbol{xy}$　を得る．

すなわち

$$\boldsymbol{xy}=\frac{1}{4}\{(\boldsymbol{x}+\boldsymbol{y})^2-(\boldsymbol{x}-\boldsymbol{y})^2\} \qquad \text{(ii)}$$

また（i）+①より　$(\boldsymbol{x}+\boldsymbol{y})^2+(\boldsymbol{x}-\boldsymbol{y})^2=2(\boldsymbol{x}^2+\boldsymbol{y}^2)$　(iii)

この（iii）は図8で，△ABCの辺BCの中点をMとし，$\overrightarrow{MA}$，$\overrightarrow{MB}$の属するベクトルを$\boldsymbol{x}$，$\boldsymbol{y}$と考えると

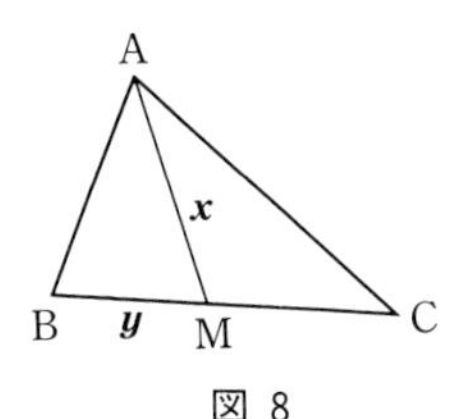

図 8

$$AB^2+AC^2=2(AM^2+MB^2) \qquad ②$$

となって，初等幾何でのいわゆる中線定理となる．

（2）　さて（ii）をもとにすれば

$$\boldsymbol{xz}=\frac{1}{4}\{(\boldsymbol{x}+\boldsymbol{z})^2-(\boldsymbol{x}-\boldsymbol{z})^2\}$$

$$\boldsymbol{yz}=\frac{1}{4}\{(\boldsymbol{y}+\boldsymbol{z})^2-(\boldsymbol{y}-\boldsymbol{z})^2\}$$

となるから，

$$\boldsymbol{xz}+\boldsymbol{yz}=\frac{1}{4}\{(\boldsymbol{x}+\boldsymbol{z})^2-(\boldsymbol{x}-\boldsymbol{z})^2+(\boldsymbol{y}+\boldsymbol{z})^2-(\boldsymbol{y}-\boldsymbol{z})^2\}$$

$$=\frac{1}{4}\{(\boldsymbol{x}+\boldsymbol{z})^2+(\boldsymbol{y}+\boldsymbol{z})^2\}-\frac{1}{4}\{(\boldsymbol{x}-\boldsymbol{z})^2+(\boldsymbol{y}-\boldsymbol{z})^2\}$$

となるが，最後の式の｛ ｝の中を(iii)を逆に用いて書き改めると

$$\boldsymbol{xz}+\boldsymbol{yz}=\frac{1}{4}\times\frac{1}{2}\{(\boldsymbol{x}+\boldsymbol{y}+2\,\boldsymbol{z})^2+(\boldsymbol{x}-\boldsymbol{y})^2\}$$

$$-\frac{1}{4}\times\frac{1}{2}\{(\boldsymbol{x}+\boldsymbol{y}-2\,\boldsymbol{z})^2+(\boldsymbol{x}-\boldsymbol{y})^2\}$$

$$=\frac{1}{8}\{(\boldsymbol{x}+\boldsymbol{y}+2\,\boldsymbol{z})^2-(\boldsymbol{x}+\boldsymbol{y}-2\,\boldsymbol{z})^2\}$$

$$=\frac{1}{8}\times 4\,((\boldsymbol{x}+\boldsymbol{y})\cdot 2\,\boldsymbol{z})=(\boldsymbol{x}+\boldsymbol{y})\boldsymbol{z}$$

となり，分配法則が得られる．

これは，関数解析で，ノルムをもち，そのノルムについて中線定理②が成り立つバナッハ空間に内積を導入する場合の論法で，空間の次元に関係しない．いいかえると，二次元でも三次元でも通用する分配法則の証明である．

演　習

1．演算の定義の同値関係に対する整合性を確認する問題として，次の問に答えよ．

（1）自然数をたとえばペアノの公理をもとにして組立てた上で，分数を自然数の数対として，その同値関係～を，$(a,\ b)\sim(c,\ d)$ とは $bc=ad$ であることと定義する．この定義と通常のアルゴリズムによる加法や乗法の演算の定義とが整合的であることを確かめよ．

（2）（1）で考えた分数に 0 を含めた数系から作られる数対として正・負の数を考える場合，数対の間の同値関係，加法，乗法の定義を述べ，その間の整合性で論ぜよ．

2. 空間のベクトルの内積の分配法則をもとにして，垂直定理と三垂線の定理を証明せよ．

3. 垂直定理は，次のような考えで，中線定理を用いても証明できる．この考えを遂行してみよ．

図9のように，OX，OY，OZは平面α上の三つの直線，OHは，OXとOYとに垂直な直線とする．OZ上の点Cを通る直線を引き，OX，OYと点A，Bで交わらせAC＝BCとなるようにする．Hは，OH上の1点とする．そこで，三平方の定理からOH，OA，AH；OH，OB，BHの関係が，中線定理からは，OA，AC，OB，HA，AC，HBの関係が導かれる．これらから，$\angle$HOC＝90°を証明する．

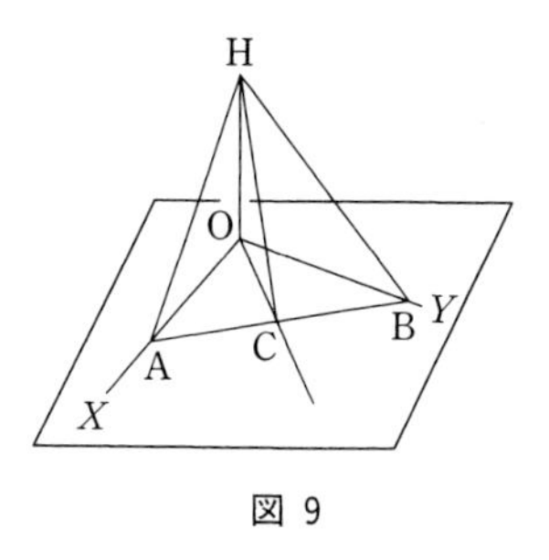

図 9

4. 座標空間で原点からの距離の公式を導くには，直方体ABCD-A′B′C′D′で，$\angle$A′AC＝90°となることを利用するわけであるが，これを証明しようとすれば，“空間における平行と垂直”の項の課題③の解説にあるようなやり方をこの場面に特殊化して用いればよい．この考えで証明を完成せよ．

余　談

1. 空間ベクトルの内積の分配法則に至る道は大きく分けて，上記課題②のように，正射影，あるいは内積の成分表示によるものと，課題③のように，三角形の余弦定理から中線定理を経ていくものとがある．課題②のルートでは，どこかに，垂直定理か三垂線の定理が証明のために必要となる．したがって，カリキュラムの上で，この行き方をとるときは，この定理は，分配法則以前に学習しておかなくてはならない．このルートを直観的に通って，分配法則を導き，これを用いて演習2のようにベクトル的に垂直定理を扱うことは，一種の循環論法であるともいえよう．座標を用いる場合には，直方体の対角線の長さと3辺の長さとの関係は，多くは，中学校段階での三平方の定理と関連して扱われ，そこでは垂直定理は，はっきりと意識せず暗黙裡に用いられているのが普通である．そして，これを学習ずみとして高校段階で内積の成分表示や分配法則に利用する場合には，循環論であることは意識されにくい．

一方，中線定理を通る筋書きの方は，循環論はさけられるが，代数的な式変形の見透しは高度なもので，教室に持ちこんだ場合には，天下りの感が強く，数学としては体系的ではあるが，生徒の考え方を啓発する筋書としては無理があるように思われる．一部進んだ生徒のためのもので一般向きではない．第三のルートの可能性は，今のところ私には不明である．

2．半直線の向きという概念や平面上の二つの半直線の向きが等しいという関係は，直観的には自明のように思われるが、これらを論理的にきちんと扱おうとすると，次のような公理から出発しなくてはならない．

1．直線上の点の順序の公理

直線上の点の集合は，線形順序集合になっている．すなわち，

1）直線上の 2 点 a，b については，

$a>b$，$a=b$，$b>a$ のどれかが成り立つ．

2）直線上の 3 点 a，b，c について

$a>b$ かつ $b>c$ ならば，$a>c$．

これによって半直線は始点 a に対し $\{x \mid x \geqq a\}$，あるいは $\{x \mid a \geqq x\}$ として定義され，同様に $a>b$ なる 2 点に対して，線分 $\overline{ab}$ は $\{x \mid a \geqq x \geqq b\}$ として定義される．二つの半直線の向きが等しいということは，上記定義式の変数 x がともに左辺にあるか，ともに右辺にある場合として定義される．

点 A を始点とする半直線を示すのに A∞，またはそれに属する他の点 B をとって AB∞と示し，向きが等しいことを～で示すことにすると，一直線上にある半直線の集合については，次の命題が成り立つことが定義からすぐ導かれる．

（1）A∞～B∞ かつ B∞～C∞ ならば，A∞～C∞

（2）A∞～B∞　ならば　A∞⊂B∞ または B∞⊂A∞

（3）A∞～B∞　ならば　B∞～A∞

もう一つの公理は，次のものである．

2．直線が分ける平面上の側の公理

平面上の直線は，直線外の点を二つの集合に分ける．そのおのおのをその直線の側とよぶことにすると，

（i）直線の同じ側の 2 点を結ぶ線分上の点は，その 2 点と同じ側にある．したがって，はじめの直線とは交わらない．

（ii）直線の異なる側にある 2 点を結ぶ線分は，はじめの直線と交わる．

これによって，次の命題はすぐわかる．

（4）　2点が同じ側にあるという関係は同値関係である．

この側という語を用いると，一直線上にない二つの半直線A∞，B∞について，向きが等しいという関係〜を次のように定義できる．すなわち

A∞を含む直線とB∞を含む直線が平行でかつA，Bを結ぶ直線ABに関して，A∞とB∞が同じ側にあるとき，A∞〜B∞とする．

側が定義できると，これから，角が定義できる．

始点を共有する半直線OA∞，OB∞が作る図形を角といい，∠AOBと書く．直線OAに関してOB∞のある側と直線OBに関してOA∞のある側との共通部分を∠AOBの内部という．

またOを角の頂点という．

角については，次の命題が成り立つ．

（5）　点Pを∠AOBの内部の点とすると，OP∞上の点は角の内部にある．

（6）　上記の場合，OA∞と，OB∞は直線OPの反対側にある．

（7）　∠AOBの内部の点Pを通り，OA∞と向きが等しくなるように引いた半直線P∞は，角の内部にある．

（8）　上記の場合，P∞の延長がOBと交わる点をRとすると，OA∞〜RP∞かつRP∞〜P∞である．

このような準備のもとに，次の平面上における〜の推移律が証明される．

（9）　A∞，B∞が一直線上にあってA∞〜B∞であり，B∞〜C∞　ならば，A∞〜C∞．

(10)　A∞〜B∞，B∞〜C∞で，A∞とC∞が1直線上にあるときは，A∞〜C∞

(11)　A∞，B∞，C∞が異なる直線上の半直線で，A∞〜B∞かつB∞〜C∞であるとき，A∞〜C∞

（9）〜(11)になってはじめて，平面上の〜が無条件に推移律を満すことが証明された．（1）〜(11)を証明していくことは，直観による論理の舵取りは用いるものの，直観による論理の飛躍を押さえていかなければならない．筋書きは筆者が考えたもので，もっと手短かな筋があるかもしれない．これらの証明や別の筋を作ることは，興味のある方はぜひ試みてほしい．

見　取　り　図

背　景

立体や空間の座標系について教室で扱うときは，これらの図を描くことが必要になる．その図は，あまり精しく解説しなくとも，描こうとした立体の形が容易に相手にわかるようなものでなくてはならない．見えるように描くというのがそのやり方であるが，この見えるようにというのが曲者である．人間の眼は，立体は立体として見えるようにできている．それを平面の上の図形で，しかも色や陰影を用いずにやろうというのだから，何か約束ごとを持ちこまないわけにはいかない．見取り図といわれる技法は，自然な形に近い約束ごとでこの目的を達しようという手法で，歴史的な流れの中で，はじめは，経験的に生れ，後になって，その幾何学的な原則が自覚されるようになってきたものといえよう．その原則は，まず立体をその輪郭で把えることに始まり，次いで立体の後方に壁を想定し，その壁に手前から光が当ったときに生ずるであろう影の形を写すことで立体を表現しようとするものである．さらに，立体の外形だけなく，面の境界となっている線（多面体の場合の辺）も，その影を見える側は実線で，見えない側は点線で加えて，形を明らかにする．影を作る光線の光源が，物体の大きさに比べて無限に遠くにあると考えるときは，光線は平行光線となり，有限であると考えるときは点光源となる．ここで影という代わりにその形にだけ着目してしまえば光源は眼の位置ということになり，光線は，視線と言い換えられることもできる．

次の図1はいずれも立方体の見取り図である．眼の位置や視線の方向を考えてみるとよい．

図1a，b，cでは，立方体の平行な辺が，図の上でも平行になっている．これは眼の位置が無限遠にあり，したがって視線が平行なことを示している．aでは，一つの対角線が1点に重なっており，その対角線に垂直な正三角形（1頂点に集まる3辺の他の端の頂点が作る三角形）が図の上でも正三角形になっている．

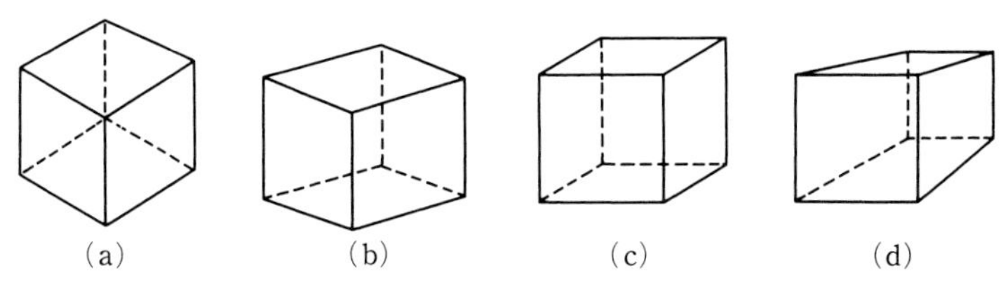

図 1

したがって画面は視線の方向に垂直である．図 c では，立方体の一つの面の正方形が図上では正方形となっているのに，他の面の正方形は図上では平行四辺形になっている．これは視線と画面とが垂直でないことを示す．図 b では，このままでは，視線と画面とは，垂直であるともないともいえない．

図 1 d では，立方体の辺のうち 1 方向の平行な辺は，図の上では平行になっていない．これは，眼の位置を有限の位置に考えたもので，視線がその眼の位置に集まるように作図されている．

a〜c のような図の作り方を平行投影，d のような図の作り方を中心投影という（図学では投影といわず投象といっている．できた図の方を見れば影で，図が表わそうとするものを見れば象（かたち）である）．

どちらも，図 2 のように画面とよばれる一つの平面を指定しておいて，平行投影の場合は，空間の 1 点に対し，その点を通る定方向の直線—これを投影線とよぶ—が画面と交わる点を対応させる写像であり，中心投影の場合は，定方向の直線の代わりに定点を通る直線によって，空間の点を指定平面上の点に対応させる写像である．

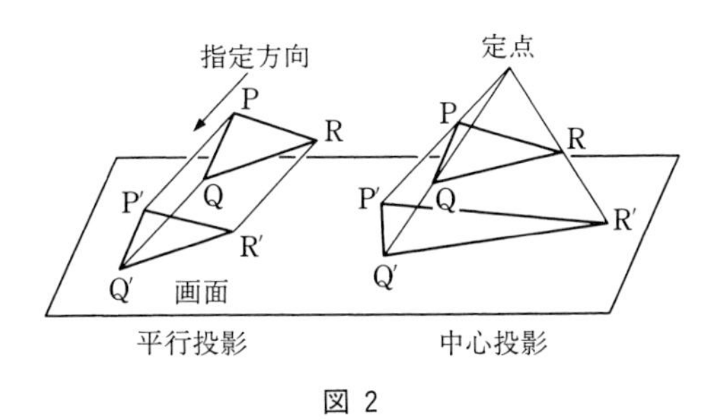

図 2

以下では主として平行投影について考える．いわゆる見取り図というのは，幾何学的にきちんといえば，平行投影によって立体を一つの画面上に表わしたものの総称であるといえる．

平行投影は，さらに，画面と投影線とが垂直であるか否かによって，直角投影（正射影といういい方をする場面もある）と，斜投影に分けられる．図 1 a は直角投影であり，図1cは斜投影である．

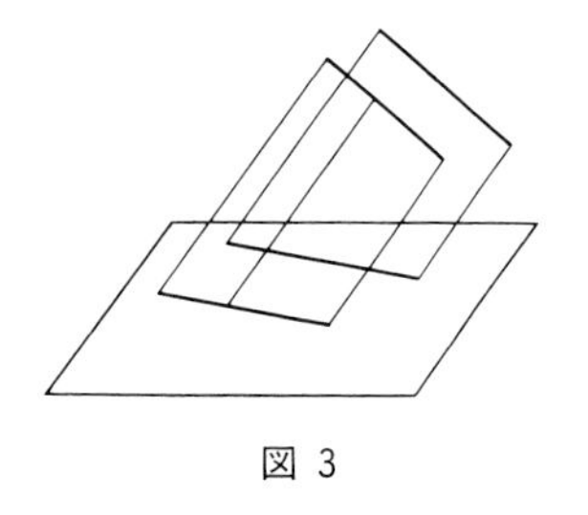
図 3

平行投影では（図3参照），

（i） 投影線の方向に平行でない直線は，直線に投影され，投影線に平行な直線は点に投影される．

（ii） 点に投影される場合を除き，平行な直線は平行に投影される．

（iii） 点に投影される場合を除き，同じ直線上の線分の比は，投影によって変らない．

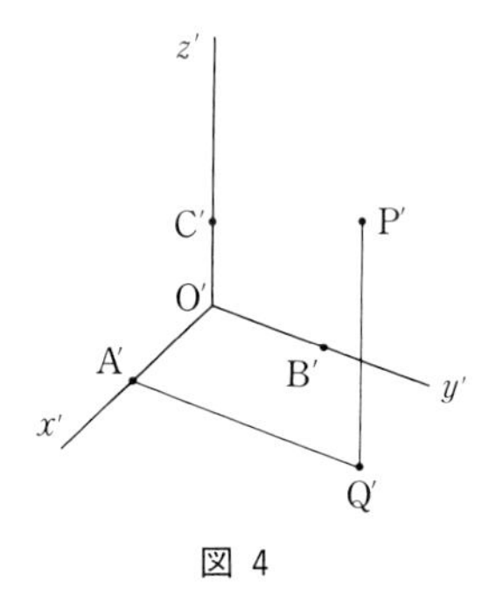

図 4

したがって，一度立方体の投影をかいておけば，立方体の3辺を空間の直交軸と考えることにより，空間の点の投影を，その点の座標をもとにして図の上で作図することができる．たとえば，図4で，立方体の一つの頂点Oに集まる3辺をOA，OB，OC，これらの延長をx軸，y軸，z軸とし，投影図の上で対応する点を′をつけて表わせば，P(1，2，3)の投影図P′は，A′を通り，O′B′に平行で2倍の長さにA′Q′をとり，Q′を通り，O′C′に平行で3倍の長さになるようQ′P′をとることで作図できる．

直角投影で，画面として垂直な2平面を用い，それを1平面上に展開したものが，いわゆる正投影図で，これは見取り図にはいらない．1画面を用いたものが軸側投影図で，これは見取り図の一種である．

斜投影では，立方体の一つの面を画面に平行に置いたものがよく用いられる．これは，その面に平行な平面上の図形が実形で示せるという利点があるからで，図1cは，この方法で書いてある．この場合，画面に平行な辺の図上の長さを1とした場合，画面に垂直な辺の図上の長さを1とする方法をカバリエ投影，1/2とする方法をキャビネット投影といい，図上の軸に沿った計測がしやすいので実際によく用いられている．これらも見取り図といわれている．

投影法を分類して示すと次のようになる．

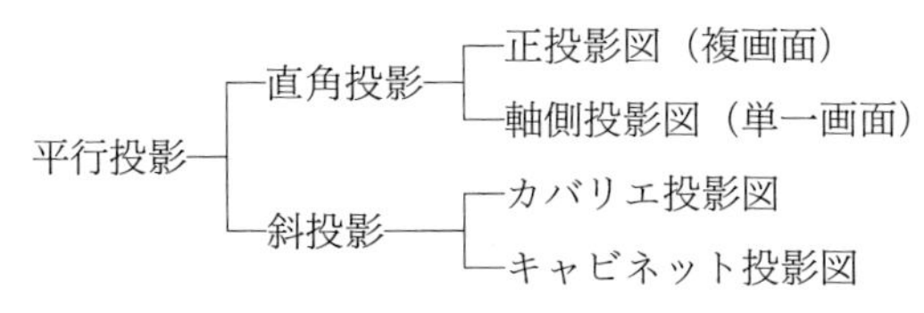

中心投影——透視図

課　題

① 立方体の平行投影で，1組の平行な面が，図の上でも正方形になっているとき，画面とその1組の面は平行であるといえるか．

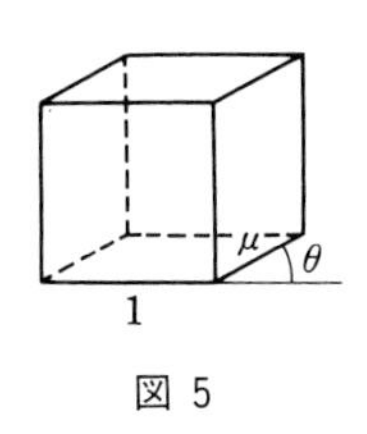

図 5

② 図5は，立方体をその1組の面に平行な画面に斜投影した図である．立方体の1辺を1，画面に垂直な辺の投影図の長さを μ，μ の長さの辺が1の長さの辺となす角の鋭角の方を θ として，投影線の方向および投影線の画面となす角を求めよ．

③ 立方体のカバリエ投影図で上記の θ が 45° のとき，画面に垂直な立方体の面の上にかいた円は，図上ではどんな楕円になるか．

④ 空間の直交軸の直角投影を考えよう．図6のように空間の直交座標系を O-xyz とし，一つの平面がその三つの軸と交わる点を，x 軸上でA，y 軸上でB，z 軸上でCとする．原点Oから，平面ABCに下した垂線の足をHとする．

このとき，△ABCはつねに鋭角三角形であり，Hはその垂心となることを証明せよ．

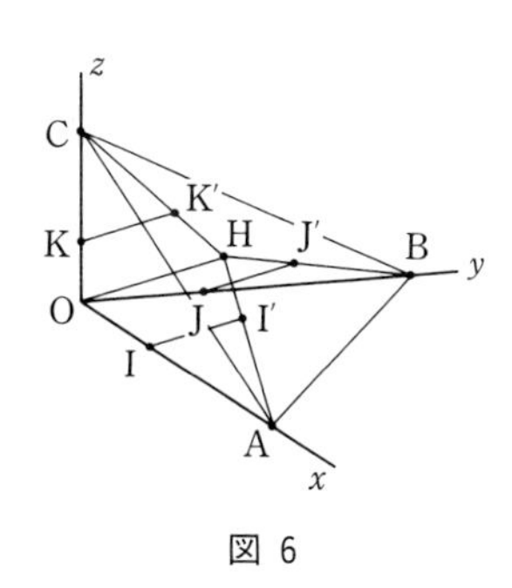

図 6

⑤ △ABCの垂心をHとし，その外接円の半径を R とする，また，AH，BH，CHが辺BC，CA，ABと交わる点をD，E，Fとする．このとき，次の長さを∠A，∠B，∠Cの三角比と R とで表わせ．

1) AH，BH，CH，　2) HD，HE，HF

⑥ 平面上で1点Hで互いに鈍角に交わる3直線HX，HY，HZがあるとき，これらは，空間の直交座標軸のその平面への直角投影と見なせることを示せ．

⑦ ⑥の直交座標軸上の単位点はI，J，Kの平面XYZへの直角投影をI′，J′，K′とする．HI′：HJ′：HK′を，$\alpha=\angle$XHY，$\beta=\angle$YHZ，$\gamma=\angle$ZHXの

三角比によって表わせ.

解　説

①　立方体の面 ABCD を画面に平行投影したものが A′B′C′D′ で，これが正方形であったとする．このことは，正方形 ABCD を底面とする角柱（直角柱とは限らない）を一つの平面で切った切り口が正方形 A′B′C′D′ であることを意味する．平行に切った切り口が正方形になることは容易に証明できるが，正方形になったら平行といえるかというのが問題である．切り口を平行に動かして平面 ABCD に近づけ，A と A′ とを一致させて考える．このとき，平面 ABCD と A′B′C′D′ とが一致すれば，切り口は平面 ABCD に平行であったことになるが，一致しなければ，BB′，CC′ は同じ平面上にあるから，BC を B′C′ は平行であるか交わる．平行なときは（図 7 a）AD∥BC，AD′∥B′C′ で，AD と A′D′ が一致し，二つの正方形の辺の長さも等しくなる．そして AD⊥AB，AD⊥AB′から AD⊥BB′，これから ABCD と A′B′C′D′ は，投影線 BB′ に垂直な平面に対して面対称になっていることが導かれる．BC と B′C′ とが，1 点 P で交わるときは（図 7 b），BB′∥CC′ から CB：BP＝C′B′：B′P となり，AB＝CB，AB′＝B′C′ であることから AB：BP＝AB′：B′P となって，これと，∠ABP＝90°＝∠AB′P からやはり二つの正方形は，投影線に垂直な平面に対して面対称になる．

正方形の平行投影図が正方形であっても画面は平行とはいえない．もう一つに投影方向に垂直な平面に関して原の正方形を含む平面と面対称な方向にある画面がある．

南向きの正方形の窓に，真南から 45°の傾きに光がさしこむとき，床にできる窓の影の形も正方形である．

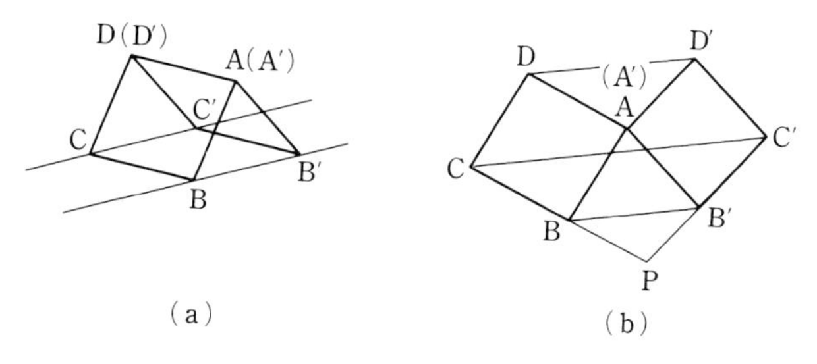

図 7

② 投影線の方向その他をわかりよくするため，立方体やそれに伴う座標軸を経験空間の中で考える．すなわち，xy平面を水平面にとり，x 軸の正の向きを南，y 軸の正の向きを東とし，z 軸を鉛直方向にとり，yz 平面を画面と考え，立方体を xy 平面の第一象限に置き，底の2辺を軸に一致させる（図8）．

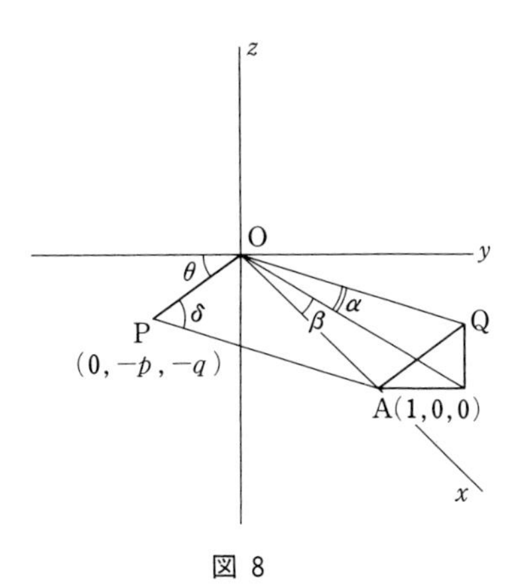

図 8

x 軸上の頂点 A(1, 0, 0) に対応する画面上の点を P(0, $-p$, $-q$)($p>0$, $q>0$) とする．投影線の方向を示すベクトル $\overrightarrow{PA}$ は(1, p, q) であり，これが yz 平面となす角を δ とすると，

$$\cot\delta=\cot\angle APO=OP/OA=\mu$$

カバリエ投影図では $\mu=1$ であるから $\delta=45°$ であり，キャビネット投影図では $\mu=0.5$ であるから $\delta=63°26'$ である．

$\overrightarrow{PA}=\overrightarrow{OQ}$ が水平面となす角を α，$\overrightarrow{PA}$ の水平面への正斜影が x 軸となす角を β とすると，

$$\tan\alpha=q/\sqrt{1+p^2},\quad \tan\beta=p \quad となる．$$

$p=\mu\cos\theta$，$q=\mu\sin\theta$　であるから，これらを θ で表わすと

$\tan\alpha=\mu\sin\theta/\sqrt{1+\mu^2\cos^2\theta}$，$\tan\beta=\mu\cos\theta$　である．

すなわち，投影図の中の奥行の寸法とその正面とのなす角から，投影線の画面とのなす角 δ，投影方向の仰角 α，方位角(南から東へ) β が決まってくる．

③ 図8の座標系を用いる．カバリエ投影図では，$\mu=1$ であるから，$\delta=45°$ である．また $\theta=45°$ であるから $p=q=\dfrac{\sqrt{2}}{2}$ である．空間の点(x, y, z) が yz 平面上の点 (0, y, z) へ平行投影されるものとすると，その方向ベクトルは (-1, $-p$, $-q$) だから

$$0=x-t,\ Y=y-pt,\ Z=z-qt \ である． \tag{1}$$

また，xz 平面上の原点を中心とする円の方程式は

$$y=0,\ x^2+z^2=r^2 \tag{2}$$

である．(2)を(1)によって Y，Z の方程式に改めれば，

$$3Y^2-2YZ+Z^2=r^2 \qquad (3)$$

となり，これが yz 平面上での円の投影図の方程式である．これは長軸の方向が y 軸と 67.5° の角をなす方向で，軸の長さが $\sqrt{4+2\sqrt{2}}\,r$，$\sqrt{4-2\sqrt{2}}\,r$ である楕円である．

xy 平面上の円についても同じように考えればよい．

④　△ABC で余弦定理を考えれば，∠A が鋭角であることは $AB^2+AC^2>BC^2$ と同値である．∠AOB＝90°＝∠AOC であるから，$AB^2+AC^2=OA^2+OB^2+OA^2+OC^2=2OA^2+OB^2+OC^2$ で，また ∠BOC＝90° より $OB^2+OC^2=BC^2$ であるから，$AB^2+AC^2>BC^2$ が成り立ち，∠A は鋭角である．同様に∠B，∠C も鋭角である．

また OH⊥平面 ABC；OA⊥平面 BOC より，OH⊥BC かつ OA⊥BC となり，BC⊥平面 AOH となる．ゆえに AH⊥BC，同様に BH⊥CA，CH⊥AB．ゆえに H は△ABC の垂心である．

⑤　図 9 のように△ABC の外接円を考え，B を一端とする直径の他端を K とする．すると四角形 AHCK は平行四辺形となり AH＝CK，∠BCK＝90°，∠BKC＝∠A だから，$AH=2R\cos A$．同様に $BH=2R\cos B$，$CH=2R\cos C$．

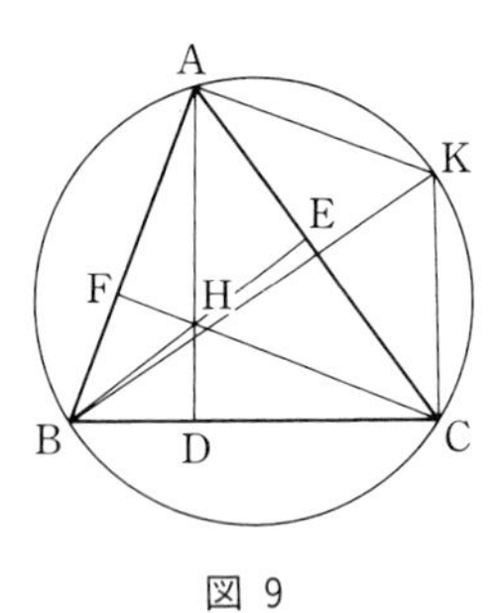

図 9

∠BHD＝∠C であるから，

$HD=BH\cos C=2R\cos B\cos C$．

同様に，$HE=2R\cos C\cos A$，

$HF=2R\cos A\cos B$．

⑥　課題⑤の結果を課題⑥に付け加えてみると，△AOD で∠AOD＝90°，また AH⊥AD であるから，$OH^2=AH\cdot HD=4R^2\cos A\cos B\cos C$ となる．

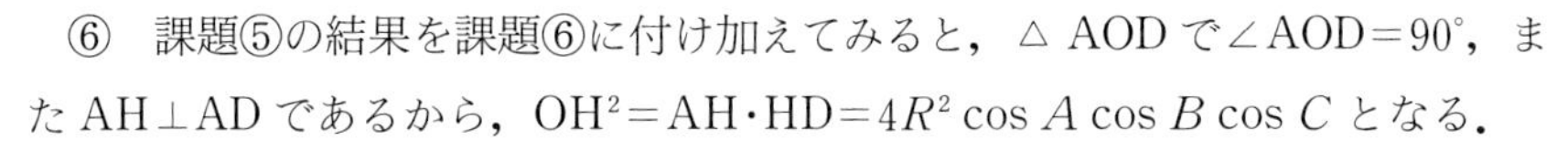

そこで，直線 HX 上に一点を任意に取り，A から HZ に垂直に引いた直線が HY と交わる点を B，B から HX に垂直に引いた直線が HZ と交わる点を C とすると，H は△ABC の垂心になる．そこで H で平面 ABC に垂線を立て，$HO=2R\sqrt{\cos A\cos B\cos C}$ となるように点 O をとる．HX，HY，HZ は鈍角をなして交わるから，∠A，∠B，∠C は鋭角となり，上式の根号内は正である．し

たがってOが確定する．このあとは∠AOB，∠BOC，∠COAが直角となることを示せば本問は解決したことになる．これは課題⑤の後半を逆にたどるか，$OA^2+OB^2=AB^2$ 等を導くかすれば可能になろう．

⑦ 前と同じ図で考えて，$\angle HAO=\lambda$，$\angle HBO=\mu$，$\angle HCO=\upsilon$ とすると $HI'=\cos\lambda$，$HJ'=\cos\mu$，$HK'=\cos\upsilon$ である．

また，$\angle A=180^\circ-\alpha$，$\angle B=180^\circ-\beta$，$\angle C=180^\circ-\gamma$．

ところで$\angle OHA=90^\circ$で，AH，OHが円⑤⑥のように表わされるから，これからOAを計算することができる．すなわち

$$OA^2=OH^2+AH^2=4R^2\cos A(\cos B\cos C+\cos A)$$
$$=4R^2\cos A\sin B\sin C.$$
$$\cos^2\lambda=\frac{AH^2}{OA^2}=\frac{\cos A}{\sin B\ \sin C}$$

同様に $\cos^2\mu=\dfrac{\cos B}{\sin C\ \sin A}$，$\cos^2\upsilon=\dfrac{\cos C}{\sin A\sin B}$

ゆえに

$$\cos\lambda:\cos\mu:\cos\upsilon=\sqrt{\frac{\cos A}{\sin B\ \sin C}}:\sqrt{\frac{\cos B}{\sin C\ \sin A}}:\sqrt{\frac{\cos C}{\sin A\ \sin B}}$$
$$=\sqrt{\sin 2A}:\sqrt{\sin 2B}:\sqrt{\sin 2C}$$
$$=\sqrt{-\sin 2\alpha}:\sqrt{-\sin 2\beta}:\sqrt{-\sin 2\gamma}$$

課題⑦によって，勝手に書いた1点に交わる3直線（互いになす角を鈍角にとって）を，立方体の3辺の直角投影としたときの，投影図上の辺の長さが決まってくる．

立方体の，したがって直交座標系の直角投影図は，こうして作図できるといってよい．背景で示した図1bについては平行投影とはいっていたが，直角投影か否かははっきりしていなかった．今この段階になれば，測定することで，その判定ができる．図の内にある頂点に集まる3辺のなす角を測ってみると，大きい方から順に145°，110°，105°であり，これに対する辺の長さは，それぞれ20 mm，19 mm，15 mmになっている．直角投影を仮定し，最大辺を20 mmとすれば，他の辺の長さは

$$20\times\sqrt{\frac{-\sin 220^\circ}{-\sin 290^\circ}}\fallingdotseq 16,\quad 20\times\sqrt{\frac{-\sin 210^\circ}{-\sin 290^\circ}}\fallingdotseq 14$$

で，図の長さとはずれている．したがって，直角投影とはいえない．斜投影なら，こんなふうに必ずできるのだろうか．これについては余談2を参照されたい．

演　習

1．球を平行投影した図が円となるのは，直角投影の場合に限ることを証明せよ．

2．立方体を，その対角線の方向に垂直な平面上に直角投影した場合(図1aの場合)，立方体の面の上の円はどんな形の楕円に投影されるか．この形の楕円は，市販のテンプレートの楕円定規に $\theta=35^\circ$ のものとして示されている．この角は何を表わすか．

3．課題③のカバリエ投影では，球はどんな形の楕円に投影されるか．

4．図10は地球の赤道と0°および90°の子午線とを示したもので，Oは地球の中心，Nは北極，Sは南極である．この図は平行投影で書いたものとすると，おかしいところがある．これを指摘せよ．

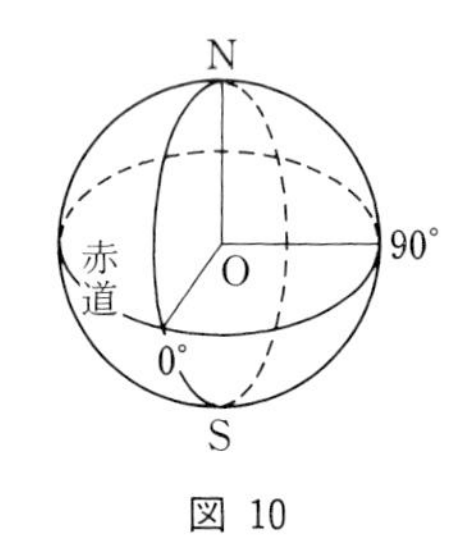

図 10

5．空間で，1点Oで交わる3直線XOX′，YOY′，ZOZ′がある．点Oを通らず，3直線のどれとも平行でない平面が，この3直線と交わる点をA，B，Cとするとき，△ABCがつねに鋭角三角形であるときは，3直線XOX′，YOY′，ZOZ′は互いにどんなふうに交わっていることになるか．

6．課題⑥⑦と，その解説で用いた記号をそのまま用いるとき，次の等式が成り立つことを証明せよ．

（1）$\cos^2\lambda+\cos^2\mu+\cos^2\nu=2$

（2）$\cos^2\lambda : \cos^2\mu : \cos^2\nu=\mathrm{EF}:\mathrm{FD}:\mathrm{DE}$

この定理をシュレミルヒ（Schlömilch）の定理という．

余　談

1．カバリエ投影図のカバリエというのは，ヨーロッパの築城術の用語で，城や陣地の後方の小高いところをさす語のようで，カバリエ投影図というのは，小高いところから見下した図といった意味の語である．17世紀イタリーの数学者カバリエリ（Cavalieri，1598～1647）とは関係はない．しかし，ときにこれをカバリエリの投影図と呼んでいる例を見ることもあるが，これは誤りであろう．

2．図1bが立方体の直角投影でないとすれば，これは斜投影と見なすことはできないだろうか．答えはイエスである．一般に，次の定理が成り立つ．これは発見者にちなんで，ポールケ（Pohlke）の定理といわれている．

ポールケの定理：平面π上に一点Oを共有する三つの線分OL，OM，ONがあるとき，これは，立方体の1頂点に集まる3辺の平行投影図とみなすことができる．

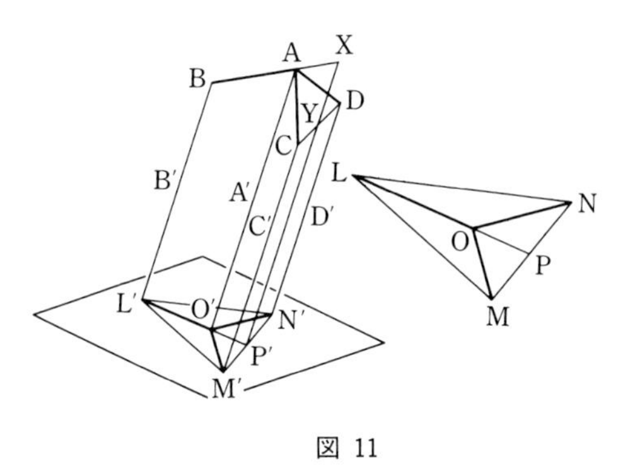

図 11

図11のように，立方体の1頂点Aに集まる3辺をAB，AC，ADとし，A，B，C，Dを通る同一方向の平行線が平面π'と交わる点をO′，L′，M′，N′とするとき，平面π'上の図形O′-L′M′N′がπ上の図形O-LMNと相似になるよう，直線AO′の方向と，平面π'の方向が決められれば，ポールケの定理が証明されたことになる．

直線AO′の方向を調べるには，空間の2点が，投影図上は1点となっているような2点を考えればよい．投影図の上で，O′L′とM′N′との交点P′をとれば，P′はAB上点Xの投影でもあり，CD上の点Yの投影でもある．

そしてAX：XB＝O′P′：P′L′，CY：YD＝MP′：P′N′

であるから，次のようにして，XYの方向が決まる．

直線OL，MNの交点をPとし，AB上でAX：XB＝OP：PLとなる点Xを，CD上でCY：YD＝MP：PNとなる点Yをとる（Pが内分のときは，X，Yの方も内分；Pが外分のときは，X，Yの方も外分）．このX，Yを結ぶ直線の方向が求める方向である．これと平行な直線をA，B，C，Dを通って引き，それぞれAA′，BB′，CC′，DD′とする．平面π'の方向を適当にとれば，π'をこれらの直線との交点をO′，L′，M′，N′とするとき，△L′M′N′∽△LMNとできることは，次のようにして確かめられる．図12のように，BB′とCC′，BB′とDD′の定める平面を改めてα，βとし，BB′上に点Rを，平面αの上に点S，

平面 β 上に点 T をとり，　RS＝LM，　RT＝LN，∠SRT＝∠MLN となるようにする．S, T を通り，BB′ に平行な直線が BC，BD と交わる点を S′，T′ とする．三角形 RST は，この条件のもとにさまざまな位置をとるが，S が BB′ 上にあるときは，BS′：BT′ の値は 0 で，S がそこから動きはじめ，T が BB′に限りなく近づくと BS′：BT′ の値は限りなく大きくなる．S が連続的に動けば，BS′：BT′ の値も連続的に変わるから，どこかに BS′：BT′ の値が 1 となるところがある．BC＝BD であるから，このときは S′T′ // CD となる．この位置で RS，RT がそれぞれ CC′，DD′ と交わる点を，M′，N′ とする．

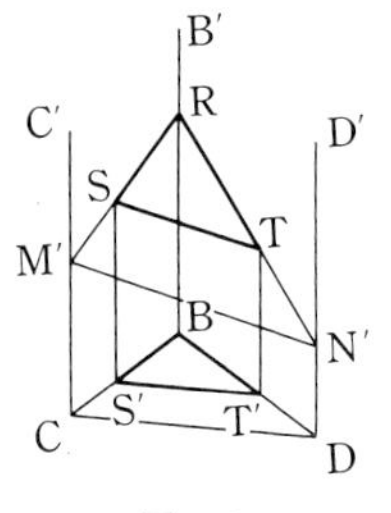

図 12

SS′ // M′C だから RS：RM′＝BS′：BC，TT′ // N′D だから，RT：RN′＝BT′：BD．S′T′ // CD より，RS：RM′＝RT：RN′ となり △ RM′N′ は △ RST，したがって △ LMN と相似になる．そこで R を改めて L′ とすれば △ LMN と相似な切り口が得られたことになる．

これは，言い換えると，正三角形の板の平行光線による平面上の影は，どんな三角形とも相似にできるということである．そして少し考えれば，板の形は正三角形である必要もない．

空間の直交座標系を平面上で図示する場合，このことを承知しておいて，わかりよい位置を選ぶとよい．

Memorandum

Memorandum

―― 著 者 紹 介 ――

島田　茂（しまだ　しげる）

生年月日　1916年6月20日
最終学歴　1940年 東京文理科大学数学科卒業
専攻科目　数学教育学
　　　　　元 東京理科大学教授
主要著書　『算数・数学科のオープンエンドアプローチ』
　　　　　（編著・みずうみ書房）
　　　　　『算数・数学科のカリキュラム開発』
　　　　　（監訳・共立出版）
　　　　　『数学と日本語』（分担執筆・共立出版）
　　　　　『続数学と日本語』（分担執筆・共立出版）

検印廃止

数学教師のための問題集
〔教師のための問題集 改題〕
Kyozaikenkyu ; The Problem Selections for Mathematics Teachers

1990年9月25日　初版1刷発行
　教職数学シリーズ 実践編10
　教師のための問題集
2021年7月10日　初版1刷発行
2021年9月1日　初版4刷発行

NDC 410.7

著者　島田　茂
発行者　南條光章
東京都文京区小日向4丁目6番19号

発行所　共立出版株式会社
東京都文京区小日向4丁目6番19号
電話 東京(03)3947-2511番（代表）
〒112-0006／振替00110-2-57035番
URL　www.kyoritsu-pub.co.jp

印刷・製本　藤原印刷

Printed in Japan

一般社団法人
自然科学書協会
会員

ISBN 978-4-320-11456-2